Matthias Eckoldt veröffentlichte drei Romane und mehrere Sachbücher. »Eine kurze Geschichte von Gehirn und Geist« wurde für das Wissensbuch 2017 nominiert. »Die Intelligenz der Bienen« (gemeinsam mit Randolf Menzel) stand auf der Longlist für das Wissenschaftsbuch 2017 in Österreich. Für seine Arbeit wurde Eckoldt mit dem idw-Preis für Wissenschaftsjournalismus ausgezeichnet.

Außerdem von Matthias Eckoldt lieferbar:

Die Intelligenz der Bienen. Wie sie denken, planen, fühlen und was wir daraus lernen können

Eine kurze Geschichte von Gehirn und Geist. Woher wir wissen, wie wir fühlen und denken

Matthias Eckoldt

Leonardos Erbe

Die Erfindungen da Vincis – und was aus ihnen wurde

PENGUIN VERLAG

MIX
Papier aus verantwortungsvollen Quellen
FSC® C014496

Verlagsgruppe Random House FSC® N001967

PENGUIN VERLAG

2. Auflage 2019

Umschlag: Hafen Werbeagentur
Umschlagmotiv: Biblioteca Ambrosiana, Milan, Italy/
De Agostini Picture Library/Bridgeman Images; Hafen
Werbeagentur (Illustration VW Käfer); mammuth/iStockphoto
Redaktion: Susanne Warmuth
Satz: Greiner & Reichel, Köln
Druck und Bindung: GGP Media GmbH, Pößneck
Printed in Germany
ISBN 978-3-328-10328-8
www.penguin-verlag.de

Dieses Buch ist auch als E-Book erhältlich.

Inhaltsverzeichnis

Für Antonin

»Da ich einsehe, dass ich einen Stoff
von großem Nutzen und Reiz nicht mehr wählen
kann, weil die vor mir geborenen Menschen schon alle
nützlichen und notwendigen Themen vorweggenommen
haben, so will ich es machen wie einer, der wegen seiner
Armut zuletzt auf den Jahrmarkt kommt und dort, zumal
er sich anders nicht versorgen kann, all jene Sachen nimmt,
welche die anderen schon angesehen und nicht
genommen, sondern wegen ihres geringen
Wertes zurückgewiesen haben.«[1]

Leonardo da Vinci

Vorwort

Mehr als achtzig Erfindungen werden Leonardo zugeschrieben. Gemessen an den 355 Patenten von Alfred Nobel (1833–1896) nimmt sich diese Zahl nicht sonderlich hoch aus, doch im Gegensatz zu dem Stifter des begehrtesten und bestdotierten Wissenschaftspreises der Welt beschäftigte sich Leonardo nur am Rande mit technischen Dingen. Im Kerngeschäft war er Maler – und was für einer. Sein Christus-Porträt »Salvator Mundi« avancierte zum teuersten Gemälde der Welt, vor den wenigen öffentlich zugänglichen Bildern von Leonardo sammeln sich tagein, tagaus Menschentrauben, deren euphorische Stimmung die Wachleute regelmäßig ins Schwitzen bringt. Wie konnte jemand, der solch einmalige, über Jahrhunderte hinweg wirkende Kunstwerke zu schaffen in der Lage war, zugleich auch so viele Dinge erfinden und, als wäre das noch nicht genug, als Baumeister und Kriegsingenieur bei den Herrschern Italiens und Frankreichs hoch im Kurs stehen sowie alle zu seiner Zeit gepflegten Wissenschaftsrichtungen beherrschen und entscheidend anregen? Verbergen sich hinter der Figur Leonardo da Vinci vielleicht mehrere Personen? Oder haben wir es mit einem Universalgenie zu tun? Doch gibt es auch noch eine andere Möglichkeit: Das Bild von Leonardo da Vinci als weit aus seiner Zeit herausragender Genius könnte auf gravierenden Missverständnissen beruhen und eine

Legende der Nachgeborenen sein. Diese These vertritt das vorliegende Buch.

Ein halbes Jahrhundert nach dem Tod von Leonardo da Vinci erscheint die erste Biografie über ihn. Der Hofmaler der Medici, Giorgio Vasari (1511–1574), macht es sich zur Lebensaufgabe, die bedeutendsten italienischen Künstler von Cimabue (1240–1302) an bis in seine Gegenwart zu porträtieren. In diesem gewaltigen, insgesamt mehr als dreihundert Personen umfassenden Projekt nimmt Leonardo einen Ehrenplatz ein. Vasari darf als einer der wenigen den Nachlass des Künstlers durchsehen, der ansonsten argwöhnisch von Leonardos Erben Francesco Melzi (1491/92–1570) bewacht wird. Selbst zu einer Zeit, in der kritische Töne in einer Biografie noch nichts zu suchen haben, fällt der Bericht über Leonardo über die Maßen schwärmerisch aus. Nicht nur einmal verwendet Vasari das Adjektiv »göttlich«, um das Außergewöhnliche des Mannes aus Vinci zu beschreiben. »Wohin er den Geist auch lenkte, verhalf ihm seine Begabung, die schwierigsten Dinge mit Leichtigkeit zur Vollendung zu bringen.«[1] Vasari gibt viele Beispiele für Leonardos Genialität, er erzählt von der Verzweiflung seines Arithmetiklehrers angesichts der kenntnisreichen Fragen des Heranwachsenden, von seinem anmutigen Lyraspiel, erwähnt auch Pläne für das Durchbohren von Bergen oder die Kanalisierung des Arno, ansonsten jedoch widmet er sich dem Maler Leonardo. Von Erfindungen schreibt Vasari nicht ein einziges Wort und gibt damit indirekt einen entscheidenden Hinweis. Unter den unmittelbaren Hinterlassenschaften Leonardos findet sich kein Modell, das die Funktionstüchtigkeit einer Erfindung demonstrieren soll. Hätte es ein solches gegeben, wäre Vasari mit Sicherheit nicht müde geworden, es in höchsten Tönen zu würdigen. So aber konzentriert sich sein Lobpreis auf die Bilder Leonardos, »die jeden noch so kühnen Künstler zum Verzweifeln und Erzittern brachten«[2].

Selbstredend müssen nicht reihenweise patentamttaugliche Prototypen vorliegen, um jemanden mit Recht als Erfinder zu titulieren. Allerdings sollte Skepsis angesagt sein, wenn ein vermeintlicher Erfinder kein einziges Modell selbst gebaut oder in Auftrag gegeben hat. In der Tat existieren keine Zeugnisse von Leonardos Erfindergeist, abgesehen natürlich von den Skizzen, in die er zum Teil so viel seines zeichnerischen Talents hineingelegt hat, dass man als Betrachter seine Kanalbaumaschine bereits arbeiten, seinen Hubschrauber in die Luft aufsteigen, seine Dampfkanone schießen und sein Auto fahren sieht. Erliegt man diesem trügerischen Schein jedoch nicht – oder erholt man sich rasch davon –, wird die Funktionsuntüchtigkeit der angeblichen Erfindungen Leonardos offenbar.

Aber, so könnte man einwenden, die Vision einer Sache ist doch ebenso wichtig wie deren konkrete Ausarbeitung. Hat nicht Leonardo durch seinen kühnen Geist, den Gott »mit so viel Anmut und ungeheurer Ausdruckskraft«[3] erfüllte, viele der entscheidenden Erfindungen der Neuzeit wenn nicht vorweggenommen, so zumindest angeregt? Auch hier gibt es nur eine Antwort: Nein, hat er nicht! Musste er auch nicht. Schaut man sich allein den häufig bemühten Traum vom Fliegen an, dann gebührt Homer die Ehre, der abendländische Initiator zu sein. In seinen Epen lässt er das Technikgenie Dädalus bereits 2000 Jahre vor Leonardo eine Flugmaschine bauen.

Außerdem verhinderte das abenteuerliche Schicksal, das Leonardos Notizbücher nach dem Tod von Francesco Melzi ereilte, eine Inspiration nachgeborener Ingenieure. Als die großen Erfindungen der Neuzeit getätigt werden, sind Leonardos Ideen so gut wie nicht verfügbar. Ein beträchtlicher Teil von Leonardos Manuskripten existiert nicht mehr, der Rest befindet sich entweder in Privatbesitz oder unaufgearbeitet in Bibliotheken. Insofern schaut der Erfinder des U-Bootes ebenso wenig bei Leonardo nach, bevor er sich ans Werk macht, wie der des Flugzeugs, des Maschinengewehrs oder der Druckerpresse. Letzterer ohnehin nicht, da in Europa längst fleißig gedruckt wird, als Leonardo seinen Entwurf einer Druckmaschine skizziert. Das weiß er natürlich, denn ihm liegen wichtige Ingenieurswerke schon in Buchform vor, andere noch als Handschriften. Leonardo studiert alles, was er zu Gesicht bekommt, ganz genau und überträgt jene Gerätschaften, die er für bedenkenswert hält, in seine Notizbücher. Die entsprechenden Zeichnungen krönt er mit der gerade erfundenen perspektivischen Darstellung, die er bereits meisterlich beherrscht. Ideen, die ihm beim Kopieren der Entwürfe anderer kommen, fügt er in seine Skizzen ein. Die zugehörigen Kommentare adressiert er in der Du-Form an sich selbst, eine Veröffentlichung seiner Notizbücher erwägt er offensichtlich nicht.

Erst im 20. Jahrhundert entsteht die Idee, aus Leonardo den Erfinder zu machen, der er selbst niemals zu sein behauptete. Vor allem Benito Mussolini (1883–1945) will in Leonardo mehr als nur einen genialen Maler sehen. Eine erste Ausstellung, die auch Modelle der angeblichen Erfindungen des nach dem Duce nunmehr zweitgrößten Sohnes Italiens vorstellt, startet 1939 in Mailand und wandert von dort aus um die Welt. Nach dem Ende der faschistischen Diktatur in Italien werden die Legenden um Leonardo erstaunlich hartnäckig weitergeführt und sogar noch vermehrt. Merkwürdig kritiklos übernehmen Publizisten, Ausstellungsmacher und selbst Wissenschaftler die Mär vom Erfinder Leonardo. Vom Wasserski bis zum Differenzialgetriebe soll er alles Mögliche erfunden haben. Im Zeitalter des forcierten Spezialistentums kommen Geschichten von einem Universalgenie aus längst vergangener Zeit offenbar gut an.

Dieses Buch begibt sich auf die Suche nach dem Leonardo hinter den Legenden, es ergründet seine Wahrnehmungswelten und entdeckt einen von Neugier getriebenen Menschen, der große Scheu hat, Begonnenes fertigzustellen. In den Themengebieten Wasser, Luft, Krieg und Kraft folgt es Leonardos verschlungenen, teils abwegigen, teils poetisch überhöhten, aber stets überraschenden Gedankengängen, um vor diesem Hintergrund seine oft als Erfindungen missverstandenen Entwürfe zu würdigen und einzuordnen. Darüber hinaus wird erzählt, was sich an Fehlschlägen, blendenden Ideen, waghalsigen Selbstversuchen und unerwarteten Durchbrüchen noch ereignete, bis die Objekte aus Leonardos Fantasie tatsächlich die Bühne der Wirklichkeit betreten konnten.

Matthias Eckoldt,
Berlin im Nachsommer 2018

WASSER

Was haben Muscheln in den Bergen verloren?

Das Wasser beschäftigt Leonardo während seines gesamten Schaffens. Das früheste Zeugnis seiner schöpferischen Auseinandersetzung damit findet sich bereits im August des Jahres 1473, als der damals 21-Jährige das Arnotal zeichnet. Er nennt sein Bild »Flusslandschaft« und datiert die Fertigstellung auf den Fünften des Monats. Es gilt als die erste von Leonardo überlieferte Zeichnung überhaupt. Zu dieser Zeit genießt er eine Ausbildung in der Werkstatt von Andrea del Verrocchio (1435–1488), einem äußerst einflussreichen Künstler der Renaissance, der als Lieblingsbildhauer der Medici über entsprechend gut gefüllte Auftragsbücher verfügt. So stammt unter anderem das Grabmal von Cosimo de' Medici (1389–1464), dem Begründer der Dynastie, von Verrocchio, dessen Name treffender nicht sein kann, bedeutet er doch so viel wie »unbestechliches Auge«. Das macht ihn zu einem der führenden Maler in Florenz, und er vermag es offensichtlich auch an seine Schüler weiterzuvermitteln. Aus seiner Werkstatt gehen große Maler der Renaissance – unter anderem Sandro Botticelli (1445–1510), Lorenzo di Credi (1459–1537) und Perugino (1445/48–1523) – hervor. Leonardo scheint dem Meister als Experte für Wasserdarstellungen aufgefallen zu sein, zumindest beauftragt er ihn noch während seiner Lehrjahre mit der Darstellung der Wasserlandschaft in seinem Bild »Taufe Christi«, das um 1475 entsteht.

Bis ins Alter erhält sich Leonardos Faszination für die Natur des Wassers. Um 1518, ein Jahr vor seinem Tod, sitzt er noch an Bewässerungsplänen. Auf ein großzügiges Angebot des jungen französischen Königs Franz I. (1494–1547) hin war Leonardo in ein Schloss im französischen Städtchen Amboise an der Loire umgezogen. Dort bringt er Ideen zu Papier, wie man den weiter östlich gelegenen Landstrich zwischen Loire und Saône mit Wasser versorgen könnte.

Zwischen diesen beiden Landmarken auf Leonardos Lebensweg finden sich reichlich Belege für sein anhaltendes Interesse an dem, nach Auffassung der alten Griechen, zentralen Element für belebte und unbelebte Materie. Dabei beschäftigt sich Leonardo nicht nur mit der zeugenden Kraft des Wassers, sondern auch mit seiner dunklen, gefährlichen Macht, die Mensch und Tier vernichten und die Erde zerstören kann. Unter dem Titel *diluvi*, zu Deutsch »Fluten«, sammelt er seine Zeichnungen von jener mythischen Urkatastrophe, die für ihn ebenso wie für seine Zeitgenossen einen hohen Realitätsgehalt hatte. Im Unterschied zu vielen seiner Mitmenschen will es der von Neugier getriebene Leonardo allerdings genau wissen. Er liest die entsprechenden Stellen im Ersten Buch Mose und malt sich im Wortsinne aus, wie das Drama seinen Lauf genommen haben muss: »Die Luft war finster durch den dichten Regen, der, von den quer wehenden Winden zum schrägen Fall herumgebogen, in der Luft Wellen machte. (...) Die Farbe aber kam von dem Feuer, das die Wolken spaltenden und aufreißenden Blitze erzeugten, deren Flammen auf die großen Wassermas-

sen in den Tälern schlugen und sie weit öffneten, sodass sich in ihren Schlünden die geknickten Wipfel der Bäume zeigten.«[1]

Man mag diese Notizen, in denen Leonardo schließlich auch Sagenfiguren wie den Meeresgott Neptun mit seinem Dreizack in den Fluten erstehen lässt, für begleitende Studien zu seinem Bilderzyklus über die Sintflut halten.[2] Doch gehen sie über die Notizen eines Malers weit hinaus. Leonardo bleibt nicht bei der Vorarbeit für die Komposition von Bildern stehen, sondern schaut sich mit der durch die biblischen Quellen inspirierten Fantasie seine eigene Gegenwart an. Sofort stellen sich ihm Fragen. Die kniffligste darunter lautet: Wie kommen die Fossilien von Meerestieren auf die höchsten Berge? Leonardo spitzt die Frage noch weiter zu, bis sie eine ketzerische Note bekommt: Wurden die Muscheln der Meere einst durch die biblisch verbürgte Sintflut auf die Gipfel »in tausend Ellen Höhe befördert«[3]?

Leonardos Antwort lässt an Klarheit nichts zu wünschen übrig, wenn er die Verfechter dieser These als dumm und einfältig bezeichnet. Trefflich würde Leonardo wohl mit jenen Kreationisten unserer Tage die Klinge kreuzen, die alle wissenschaftliche Evidenz mit ihrem Glauben an die Realität der in der Bibel beschriebenen Schöpfung beiseiteschieben. Besonders in den USA, wo der Kreationismus mittlerweile mehrheitsfähig ist, hätte Leonardo reichlich Auswahl an jener Art Kontrahenten, für die er im 15. Jahrhundert seine rhetorischen Muskeln spielen ließ. In seiner Argumentation greift Leonardo auf die Quellen der Erfahrung zurück und wehrt sich auf dieser Grundlage gegen jede Form »himmlischer Einflüsse«[4] bei der Erklärung natürlicher Phänomene. Die Sintflut, wie sie im Alten Testament dargestellt ist, soll durch einen meteorologischen Ausnahmezustand hervorgerufen worden sein, als sich nämlich die Fenster des Himmels auftaten und es vierzig Tage und Nächte lang regnete. »Wenn dem so ist, dann fließen alle diese Wasser zum Meer, und nicht das Meer zu den Bergen, und wenn sie zum Meer laufen, dann drängen sie die Muscheln vom Gestade ins Meer hinein und ziehen sie nicht an sich.«[5]

Leonardo vertraut seiner Beobachtung und seinem Verstand mehr als allen Konventionen, und seien es die allerheiligsten. Diese Form des Selbstbewusstseins kann für seine Zeit als durchaus ungewöhnlich angesehen werden, da das souveräne Subjekt ja erst eine Erfindung der Neuzeit sein wird. Erst mit René Descartes (1596–1650) zerfällt das Weltganze in zwei gegensätzliche Sphären. Die denkende Substanz (*res cogitans*) steht nunmehr als Subjekt der ausgedehnten Substanz (*res extensa*) des Objekts gegenüber.

Die bürgerliche Gesellschaft leitet aus dieser Klassifizierung die Selbstermächtigung ab, die Welt nach dem Maße des menschlichen Subjekts gestalten zu dürfen. Der Historiker Yuval Noah Harari (* 1976) nennt das die Religion des Humanismus, die statt Gott die Menschheit anbetet. »Entsprechend bestand die eigentliche religiöse Revolution der Moderne nicht darin, den Glauben an Gott zu verlieren, sondern den Glauben an die Menschheit zu gewinnen.«[6] Während in vormoderner Zeit noch Gott für Moral und Werte verantwortlich zeichnet, gilt von nun an der Mensch als Quelle allen Sinns. So entfesselt der Humanismus eine enorme Produktivität und rechtfertigt die Umweltzerstörung ebenso wie die Ausrottung oder, falls dem Menschen nützlich, die industrielle Kasernierung anderer Tierarten.

Aber hundert Jahre vor Descartes agiert Leonardo da Vinci bereits als Subjekt, das sich ganz im Sinne Immanuel Kants (1724–1804) »seines Verstandes ohne die Anleitung eines anderen zu bedienen«[7] vermag. Für die Anleitung seines Verstandes akzeptiert Leonardo einzig seine eigene sinnliche Wahrnehmung, und die zeigt ihm, dass Wasser immer nur das Bestreben kennt, abwärts zu gelangen. Es will, es muss nach unten fließen, so verschlungen die Pfade auch sein mögen. Aber warum fließt das Wasser dann nicht bis zur Mitte der Erde? Auch hierfür findet Leonardo eine elegante Erklärung. Sicherlich hat er bei einem Bad im Fluss bemerkt, wie sein eigener Körper dabei an Gewicht zu verlieren scheint. Beim Wasser selbst wird sich dieser Effekt wahrscheinlich sogar noch verstärken: »Wenn das Wasser im Wasser herabsinkt, hat es kein Gewicht mehr und verlangt nicht mehr, zur Mitte der Welt zu gelangen.«[8]

Da nun Muscheln und Austern schwerer als das Wasser sind, sinken sie herab und besiedeln den Grund der Meere. Deshalb ist es ausgeschlossen, dass Regenfälle, selbst wenn sie sintflutartig sein mögen, diese Meeresorganismen auf die Bergwipfel befördern. Auch wenn das Wasser so stark steigt, »dass alle hohen Berge unter dem ganzen Himmel bedeckt wurden«[9], gibt es keinen einsichtigen Grund, warum Gegenstände, die ihr Gewicht zu einem Dasein auf dem Meeresboden verdammt, plötzlich aufsteigen sollten. Die biblische Sintflut scheidet für Leonardo somit als Erklärung dafür, warum man fossile Muscheln auf den Bergen findet, aus.

Wie aber kommen sie dann ins Gebirge hinauf? Für Leonardo gibt es nur eine mögliche Antwort auf diese Frage: Wenn die Muscheln auf dem Meeresgrund leben und wenn sie in fossiler Form auf den höchsten Bergen zu finden sind, dann müssen ebendiese höchsten Berge einst Meeresböden gewesen sein. »Ich glaube, die irdischen Orte waren in alten Zeiten, so sie niedrig gelegen, ganz vom Salzwasser zugedeckt. (…) Und über den Ebenen Italiens, wo heute in Schwärmen Vögel fliegen, pflegten sich Fische in großer Zahl zu tummeln.«[10]

Diese Schlussfolgerung, zu der Leonardo mit bestechender Logik kommt, wird vom gegenwärtigen Stand der Forschung zu großen Teilen bestätigt. Demnach war unser Planet bis vor etwa 2,7 Milliarden Jahren tatsächlich fast vollständig mit Wasser bedeckt; 97 Prozent der Erdoberfläche bestand aus Meer. Allerdings gab es vor 2,7 Milliarden Jahren noch keine Muscheln. Sie entstanden erst vor etwa 500 Millionen Jahren. Doch da sich viele Gebirge, unter anderem auch die Alpen, erst vor 200 Millionen Jahren aus dem Tethys-Meer erhoben, findet man heute tatsächlich versteinerte Muscheln und Korallen auf den Bergen, da deren Oberfläche »in alten Zeiten«[11] den Meeresboden bildeten. Doch dafür, dass es die Berge nicht immer schon gab, sondern dass sie selbst erst durch komplizierte tektonische Prozesse entstanden sind, findet Leonardo keine Anhaltspunkte in seiner sinnlich erfahrbaren Welt. Solche gab und gibt es auch nicht. Erst durch die Feinanalyse indirekter Indikatoren, wie beispielsweise dem Vorkommen des Hafnium-176-Isotops in bestimmten Gesteinsformationen, konnten diese Prozesse erkundet und zeitlich eingeordnet werden.

Leonardo hat jedoch noch einen weiteren Pfeil im Köcher, den er genüsslich auf die übermächtige Phalanx der Kreationisten seiner Zeit abschießt. Wieder liegt seiner Argumentation eine genaue Beobachtung zugrunde. Auf den Bergen finden sich verschiedene Schichten von Fossilien, was beweist, dass die versteinerten Muscheln nicht von einem einzigen Ereignis stammen können, sondern sich über viele Jahre dort ablagerten. Damit befinden sich jene, die behaupten, »dass diese Tiere von der Sintflut an so hoch gelegene Orte gebracht wurden«, in argen Erklärungsnöten. Denn »wenn du sagen wolltest, dass diese Schichten und die Muscheln dazwischen das Werk mehrerer Sintfluten sind, dann müsstest du auch behaupten, dass sich jedes Jahr eine solche Sintflut zugetragen hat«[12]. Genau diese Behauptung aber würde der biblischen Schilderung widersprechen, die in der Sintflut eine einmalige drakonische Strafe Gottes sieht.

Über die Wunden des Erdenkörpers

Doch die virtuos gegebene Antwort wirft neue Fragen auf. Wenn das Wasser immer abwärts fließt, wie kommt es dann zur Quelle empor? Wie kann es überhaupt sein, dass Wasser nicht einfach im Erdmittelpunkt ruht? Am Befund gibt es nichts zu deuteln: »In immerwährender Bewegung wandeln die Wasser aus den tiefsten Tiefen der Meere zu den höchsten Gipfeln der Berge, wobei sie die Natur des Schweren missachten.«[13]

Leonardo legt sich damit eines der schwierigsten Probleme überhaupt vor: Wie kann etwas Natürliches die Natur des Schweren missachten? Diese Frage wird besonders brisant, wenn man nur der eigenen Wahrnehmung traut und nicht an das Wirken »himmlischer Einflüsse« glaubt. Wie einfach wäre es, alles nicht Erklärbare Gott zuzuschreiben, wie es nicht nur im Mittelalter, sondern auch in der Renaissance noch gängige Praxis ist. Doch Leonardo praktiziert nicht Gottes-, sondern Weltfrömmigkeit, wie es der Philosoph Karl Jaspers formuliert. »Diese Frömmigkeit vollzieht sich durch das Auge, im denkenden Sehen, in der Forderung, sich Rechenschaft zu geben von allem, was sichtbar wird oder werden kann.«[14] Mit dem Insistieren auf der eigenen Beobachtung, die er in seinem Leben zu hoher Meisterschaft entfaltet, ragt Leonardo aus seiner Zeit ein Stück weit heraus und bereits tief ins nächste Jahrhundert hinein –

bis zu dem Philosophen und Politiker Michel de Montaigne (1533–1592), der 1572 den Essay erfindet und damit fern jeder Gattungsregeln eine neue Textform aus der Taufe hebt. Dessen Leitspruch aus dem Vorwort zum ersten Band seiner *Essais* könnte ebenso für Leonardo gelten: »Ich selber, Leser, bin also der Inhalt meines Buches.«[15] Von einer »naturgegebenen Trunkenheit«, in der ihm die Gegenstände seines Nachdenkens erscheinen, berichtet er seinen Lesern und konstatiert, dass er »stets im Stadium des Lernens und Probens«[16] bleibt, das ihn einzig interessiert. Nicht von ungefähr bedeutet das französische Wort »essayer« auf Deutsch »versuchen«, »probieren«.

Mit derselben Geisteshaltung ist Leonardo bereits in seiner Zeit unterwegs. Er glaubt nicht an Legenden wie die Mär, nach der Jesus über den See Genezareth lief, ehe er nicht mit eigenen Augen gesehen hat, dass ein Mensch über das Wasser laufen kann. Die sinnliche Präsenz der Dinge ist für ihn höchstes Gebot. Die Erfahrung bezeichnet Leonardo als »Mutter aller Gewissheit«, an der er entgegen der weit in die Antike zurückreichenden philosophischen Tradition keine Zweifel zulässt. Vor den höheren Wesenheiten hingegen fehlt Leonardo der zeitgemäße Respekt: »Um wie viel mehr müssen uns die Dinge zweifelhaft sein, die sich gegen diese Sinne auflehnen, wie z. B. die Wesenheit Gottes und der Seele, um die man ohne Ende disputiert und streitet«[17].

Vor den Augen des Künstlers tut sich allerdings nicht nur die Wirklichkeit, sondern ebenso die eigene Fantasie auf. Wo Montaigne für seine geistigen Ausflüge die Kraft der Philosophie nutzt, lässt sich Leonardo von seiner immensen Vorstellungskraft inspirieren: fragen, untersuchen,

beobachten und schließlich kreieren! Das sind die Arbeitsschritte, mit denen Leonardo der »naturgegebenen Trunkenheit« seiner Objekte begegnet. Sein Erkennen ist nicht das von der Philosophie geforderte Erkennen in Begriffen, aber auch kein einfaches spiegelbildliches Kopieren. Leonardo geht es vielmehr um »das Gegenständlichwerden des vom Geiste Gesehenen«[18], wie es Karl Jaspers formuliert.

Bei der Meditation darüber, warum die Quellen der Flüsse oft in den Bergen entspringen, obwohl doch das Wasser offensichtlich zum Erdmittelpunkt möchte, verschränkt sich Leonardos außergewöhnliche Beobachtungsgabe, der »nichts entgeht, was sich in die Vielfalt dessen, was ist, verirrt«[19], aufs Beste mit seiner Fantasie. Den Lauf der Flüsse hält er nicht für gottgegeben, sondern in gewissem Sinne für selbst verantwortet. »Dass die Flüsse alle Glieder der großen Berge auseinandergesägt und getrennt haben, das zeigt sich in der Reihenfolge der Gesteinsschichten, die man vom Gipfel hinunter zum Fluss übereinanderliegen sieht.«[20] Die Flüsse schaffen sich ihr eigenes Bett, indem sie sich in die Berge einschneiden.[21] Mit dieser erstaunlichen Einsicht in den Prozess der Entstehung von Flüssen wird die Frage immer brisanter, wie das Wasser überhaupt erst in die Berge hinaufkommt, um im selbst geschaffenen Bett wieder hinunterzufließen. Es muss also einen Wasserkreislauf geben. In einer für Leonardo typischen Mischung aus Beobachtung, Intuition und Fantasie stellt er fest, »dass das Wasser von den Flüssen ins Meer gelangt und vom Meer in die Flüsse, wobei es, immerfort kreisend, wiederkehrt, sodass das ganze Meer und die Flüsse schon unzählige Male durch die Mündung des Nils geflossen sind«[22].

Was aber ist das Movens dieses Kreislaufs? Für eine plausible Antwort wechselt Leonardo die Methode: Das reichliche Material aus seinen Beobachtungen und seiner Fantasie fügt er nicht mit strenger Kausalität zusammen, sondern er lässt sich auf das Abenteuer des Analogisierens ein. In Analogien zu denken war in der Antike nicht unüblich, und auch nach Leonardo wird es immer wieder als ein Antidot gegen die Kühle der reinen Rationalität gebraucht. Im 20. Jahrhundert ist es der Geschichtsphilosoph Oswald Spengler (1880–1936), der auf diese Weise den »Untergang des Abendlandes« prognostiziert. Spengler findet Analogien für die Hochkulturen der Menschheit in den Jahreszeiten. Jede Epoche erlebt demnach Frühling, Sommer, Herbst und Winter. Dass er mit unglaublichem Faktenreichtum die »westeuropäisch-amerikanische [Kultur], in den noch nicht abgelaufenen Stadien« [23] mit seiner Methode analysiert und sie bereits in den letzten Wintertagen – also dem Untergang geweiht – sieht, sichert seiner Studie am Ende des Ersten Weltkriegs Bestsellerstatus.

Wie Spengler die Hochkulturen in Analogie zu den Jahreszeiten denkt, begreift Leonardo den Körper der Erde in Analogie zum Körper des Menschen. »Wie der Mensch als

Stütze und Gerüst des Fleisches die Knochen hat, so hat die Welt das Gestein als Stütze der Erde; wie der Mensch den See des Blutes in sich hat und darin die Lunge beim Atmen ab- und zunimmt, so hat der Körper der Erde seinen Ozean, der gleichfalls alle sechs Stunden durch das Atmen der Welt zu- und abnimmt; wie vom genannten See des Blutes die Adern ausgehen, die sich über den ganzen Körper verästeln, ähnlich durchzieht das Meer den Körper der Erde mit unendlichen Wasseradern.«[24] Wie der Menschenkörper stellt sich auch der Erdenkörper für Leonardo als Gestalt dar. In dieser Art des Denkens in Analogien steht das Ganze vor den Teilen. Aus der Beobachtung wird eine Schau, in der von Details abstrahiert wird, um das Gesamte in den Blick zu bekommen und Strukturen ebenso wie Funktionszusammenhänge zu erkennen. Mit dieser Methode gelingt es, wie Paul Valéry in seinem lesenswerten Essay über Leonardo da Vinci schreibt, Beziehungen zwischen Dingen zu finden, »deren Zusammenhang uns nicht aufgrund gesetzmäßiger Kontinuität gegeben ist«[25].

Es ist ein wildes, springendes, rastloses und unkonventionelles Denken, das dem Charakter Leonardos zu entsprechen scheint. Ihn interessiert das Experiment mehr als die Routine, das Neue mehr als die Kontinuität, das Wagnis mehr als die Sicherheit. Nicht von ungefähr verprellt Leonardo viele seiner Auftraggeber, weil er die meisten seiner Werke nicht zum Abschluss bringt. Er verkauft »fast keine Bilder, und seine wichtigsten Skulpturen bleiben unvollendet«[26]. Für die mehr als dreißig geplanten Bücher über das Wasser, darunter eines darüber, »wie man durch die Wucht der Fluten ein Heer vernichtet, indem man gestautes Wasser

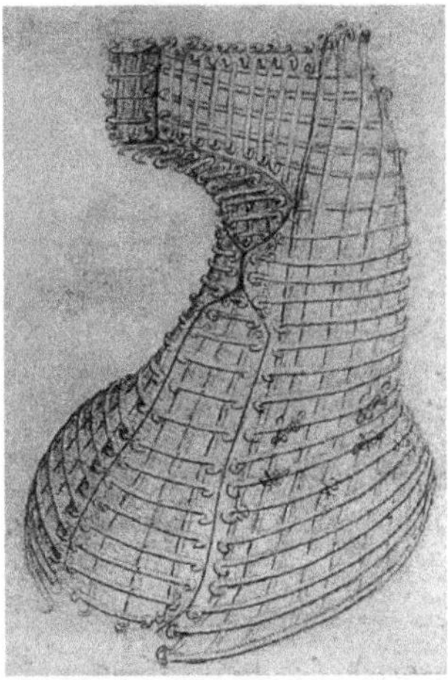

loslässt«[27], gibt es viele Notizen aus Leonardos Feder – schreiben wird er allerdings kein einziges. Auch die in ihren Ausmaßen als gigantische Kunstwerke geplanten Reiterdenkmäler werden nie gegossen. Selbst das Bronzepferd, das dem Vater des mailändischen Herzogs Ludovico Sforza (1452–1508) gewidmet sein sollte und nach Leonardos Ankündigung »zum unsterblichen Ruhme und ewiger Ehre, also auch zur glücklichen Erinnerung Eurer Herrlichkeit Vaters und des fürstlichen Hauses Sforza errichtet werden soll«[28], bleibt im Entwurfsstadium[29] stecken, obwohl er lange Jahre in Ludovicos Diensten steht. Karl Jaspers bezeichnet Leonardo aufgrund seiner vielen unvollendeten Werke und Projekte denn auch als »Fragmentarier«[30]. Der Dichter Ugolino Verino (1438–1516), ein Zeitgenosse Leonardos, spottet über den Maler, als der 1482 Florenz Richtung Mailand verlässt, dass er »innerhalb von zehn Jahren kaum ein einziges Gemälde zu vollenden vermochte«[31].

Da die von Leonardo auf uns gekommenen Werke jedoch von außergewöhnlicher Meisterschaft zeugen, liegt die Vermutung nahe, dass sich in seiner Unfähigkeit zur Vollendung weniger ein Scheitern als vielmehr eine eigene Art von Getriebenheit ausdrückt. Er verzweifelt nicht an der Unfertigkeit seiner Schöpfungen, sondern ihn reizt es einfach mehr, etwas Neues zu beginnen, als etwas Begonnenes zu vollenden. Möglicherweise sind die Bedingungen, unter denen Leonardo seine frühe Kindheit verbringt, mitverantwortlich für die verschwenderische Art, in der er mit seinem Talent umgeht. Er lebt die ersten charakterprägenden vier Lebensjahre vermutlich bei seiner Mutter Caterina in einer kleinen Bauernkate in Anchiano, einem inmitten von Weinbergen und Olivenhainen gelegenen Stadtteil von Vinci, etwa 25 Kilometer westlich von Florenz. Sein Vater, Piero da Vinci, ehelicht die bei Leonardos Geburt 16-jährige Caterina jedoch nicht. Grund dafür mag der Standesunterschied sein. Sie ist niederen Ranges, wahrscheinlich ein Dienstmädchen der Familie. Möglicherweise eine Sklavin aus Nordafrika, wie sie sich begüterte Florentiner Familien seit dem 14. Jahrhundert leisten. Leonardos Vater ist ein aufstrebender, wohlhabender Notar, der diese Profession bereits in der fünften Generation der Familie ausübt. Vielleicht hat Piero die Sklavin Caterina auch zusammen mit dem Haus eines reichen Bankiersfreundes aus Florenz geerbt. Obwohl er Caterina nicht heiratet, sorgt er offenbar gut für Mutter und Sohn, sodass Leonardo als Kind keinerlei Not leidet. Zugleich erfährt er von der möglicherweise noch auf einen Sinneswandel Pieros in Ehefragen hoffenden Caterina eine warmherzige, bedingungslose Liebe. Diese Liebe mag so übermächtig gewesen sein, dass Leonardo sein Leben lang nichts an ihre Stelle lässt – zumindest keine Frau. Er verlebt seine frühe Kindheit in einem geschützten Paradies aus Liebe und Sorglosigkeit. Der spielerische Zugang zur Welt wird nicht durch die strafende, zu Disziplin, Ordnung und geistiger Strenge gemahnende Hand des

Vaters gestört. Seiner Kreativität werden keine Grenzen gesetzt, und es entwickelt sich eine jener enorm produktiven Persönlichkeiten, die mit ihrem in Liebe geborenen Selbstbewusstsein keine Schwierigkeiten haben, alle Konventionen auf den Prüfstand zu stellen. Diesem Persönlichkeitstyp sind in der Geistesgeschichte durchaus gewaltige Leistungen vorbehalten. Alan Turing (1912–1954) wäre ein weiteres Beispiel für diese nie erwachsen gewordenen Kinder mit starker Mutterbindung, die mit ihrem von Konventionen nicht korrumpierbaren Blick das äußerste Maß an Freiheit erreichen und fundamental Neues sehen können. »Auf dem Gipfel der Freiheit ist er, gerade in dieser Freiheit, das Kind, das er einst war«[32], schreibt der französische Philosoph Maurice Merleau-Ponty (1908–1961) denn auch über Leonardo.

Das Denken in Analogien ist ein geradezu ideales Betätigungsfeld eines spielerisch freien Geistes. Leonardos genaue Beobachtungen, seine intensive räumliche Durchdringung der Wirklichkeit und die in seiner Fantasie Gestalt annehmende Ordnung des Wahrgenommenen lassen ihm die Erde wie einen menschlichen Körper erscheinen. Alles ist da: Knochen, Lunge, Blut und Adern. Nur die Sehnen fehlen, so bemerkt er, doch das ist nur zu verständlich, da sie der Bewegung des Körpers dienen. Die Erde aber ist für Leonardo, der sich seiner sinnlichen Wahrnehmung und der Lehre des Ptolemäus verpflichtet fühlt, unbewegt. Tatsächlich listet Leonardo unter den über hundert Büchern in seinem Besitz auch die Kosmografie des Mathematikers, Astronomen und Philosophen Claudius Ptolemäus (um 100–160 n. Chr.) auf, an dessen Vorstellung der Erde als Mittelpunkt der Welt er keine Zweifel hegt. Dazu hätte Leonardo eher die fernen Sterne als die nahen Flussläufe studieren müssen, so wie es der lediglich zwanzig Jahre jüngere Nikolaus Kopernikus (1473–1543) tut, der bereits 1509 die Grundzüge seines heliozentrischen Weltbildes entwickelt, demzufolge die Erde um die Sonne kreist und um die eigene Achse rotiert. Für Leonardo aber ist in kosmologischen Fragen noch alles auf dem Stand der Antike, und »da die Erde aber ewig am selben Ort bleibt, kommt es zu keiner Bewegung, und da es zu keiner Bewegung kommt, sind keine Sehnen notwendig. Aber in allen anderen Dingen sind sie [menschlicher Körper und Erde] einander sehr ähnlich«[33].

Als Leonardo den Mond studiert, findet sein Geist reichlich weiteren Stoff, der in elegante, wenn auch höchst spekulative Form gebracht wird. Aus der Tatsache, dass der Mond nicht von selbst leuchtet, aber dennoch hell ist, folgert Leonardo, er müsse eine gekräuselte Oberfläche haben. Eine solche Kräuselung, wie er sie vom Meer her kennt, gebe es jedoch nur bei flüssigen Körpern. Somit hält es Leonardo für erwiesen, dass der Erdtrabant mit Wasser bedeckt ist und die Mondphasen durch die Reflexionskraft der gekräuselten Oberfläche entstehen: »Durch die Bewegung des Wassers aber, das von den Winden in Aufruhr gebracht wird, überzieht sich der Mond mit Wellen, und jede Welle fängt das Sonnenlicht auf.«[34]

Das bringt Leonardo wieder zu der Frage zurück, wie das Wasser in die Berge gelangt, um von dort hinunter zum Meer zu fließen. Vom menschlichen Körper weiß er, dass das Blut (als Analogon des Wassers), ebenfalls »die Natur des Schweren missachtend«, nach oben zu fließen vermag. Denn eine Wunde am Kopf kann ebenso heftig bluten wie eine am Fuß. Wenn der Erdenkörper von Wasseradern durchzogen ist wie der Menschenkörper von blutführenden Adern, dann liegt es nahe anzunehmen, dass im Erdenkörper die Wasseradern auch die Berge unterirdisch durchziehen so wie die blutführenden Adern den Kopf. Wie aber kommt das Wasser dann im Bereich der Quelle an die Oberfläche? Um das zu erklären, muss Leonardo seine Analogiebildungen voll ausreizen. Er schaut sich wiederum den menschlichen Körper an. Wann wird hier aus dem unter der Haut zirkulierenden Blut eine oberirdische Quelle? In dem Moment, wo die Ader verletzt wird »und wie durch die aufgebrochenen Adern im oberen Teil des Menschen das Blut von unten hinaufsprudelt, so sprudelt durch die aufgebrochenen Adern auf den Bergeshöhen das Wasser hervor«[35].

Nimmt man Leonardos Analogie ernst, so stellt sich der Erdenkörper wie ein ewig verwundeter Menschenkörper dar, aus dessen Wunden das Wasser fließt. Eine Entsprechung für das sich im Meer wieder sammelnde Wasser findet Leonardo beim verletzten Menschenkörper allerdings nicht. Denkt man die Analogie zu Ende, müsste der Erdenkörper eigentlich sein Wasser verlieren, so wie ja auch ein an vielen Stellen verletzter Mensch ausblutet. An dieser Stelle zeigt sich Leonardo wiederum als Vorläufer Montaignes. Wie der Erfinder des Essays fasst er seinen Gegenstand nur in dem Zustand, der ihn gerade interessiert. Um Details kümmert er sich nicht – zumal wenn sie Widersprüche aufwerfen. Für Leonardo zählt nur die Momentaufnahme der Analogie zwischen Wasserkreislauf und Blutkreislauf, die für sich genommen schon erstaunlich genug ist.

Die alles bewegende Kraft

Anstatt die Analogiebildungen jeweils exakt auszuformulieren, wird Leonardos sprunghafter Geist vom nächsten Problem angezogen, denn bislang ist nur geklärt, *dass* Wasser in der Erde – wie Blut im Körper – wider die Natur der Schwere emporsteigen kann.

Nun muss ergründet werden, *wie* es das tut. Leonardo treibt die Analogie weiter: »Dieselbe Ursache, die in allen Arten lebender Körper die Säfte bewegt und damit bei jeder Verletzung zu Hilfe kommt, bewegt auch das Wasser vom tiefsten Meeresgrund in die höchsten Bergeshöhen.«[36] Leonardo ist also auf der Suche nach einer universalen Kraft, die Leben spendet, indem sie die vitalen Säfte zur Zirkulation anregt. Welcher Art könnte diese Kraft sein? Die Kälte? Doch Kälte lässt das Wasser erstarren, die Tiere in Winterschlaf fallen und die Menschen leiden. Als Südländer geht Leonardo das Herz erst mit den wärmenden Strahlen der Märzsonne wieder auf. Was also liegt näher, als der Wärme eine universale Kraft zuzusprechen? »Die Wärme in den lebendigen Körpern bewegt den Saft, der diese ernährt. (…) Und die Ursache, die es [das Wasser] durch die Adern fließen lässt, ist genau dieselbe wie die, welche die Säfte in allen lebendigen Körpern bewegt. So läuft das Wasser von unten nach oben und rinnt auf den Bergeshöhen heraus, wo seine Adern sich öffnen.«[37]

Für den Wasserkreislauf auf der Erde stellt die Wärme in der Tat die treibende Kraft dar, denn die Sonne lässt Wasser von Meeren, Seen, Flüssen, ja selbst von Wiesen, Blättern und Blüten in die Atmosphäre verdunsten. Dort sammelt sich das Wasser in Form von Wolken, aus denen es bei entsprechender Gelegenheit wieder zur Erde fällt. Der niedergehende Regen speist das Grundwasser, und an jenen Stellen, an denen dieses gleichsam überläuft, bilden sich Quellen, aus denen Flüsse entstehen, die sich in der von Leonardo beschriebenen Weise ihren Lauf selbst schaffen. So sucht sich das Wasser seinen Weg hinab zur Mündung ins Meer.

Leonardo liegt also zumindest bei zwei Punkten richtig: Für das Sprudeln der Quellen sind tatsächlich die inneren Wasser der Erde verantwortlich, und die Wärme bildet die treibende Kraft im Kreislauf des Wassers. An dieser Stelle haftet Leonardos Erkenntnisgang eine unfreiwillige Komik an, da er mithilfe des Denkens in Analogien unter falschen Voraussetzungen zum richtigen Resultat gelangt. Leonardo schließt vom Blutkreislauf auf den Wasserkreislauf und von der Wärme als bewegender Kraft des Blutes auf die Wärme als bewegende Kraft des Wassers. Allerdings kreist das Blut im Körper nicht aufgrund der Wärme. Es kreist überhaupt nicht! Zumindest nicht nach dem Kenntnisstand der Renaissance, die in allen medizinischen Fragen einzig der bis dahin unbezweifelten Autorität des griechischen Arztes Galenus (129–199 n. Chr.) folgt. Der Leibarzt des sogenannten Philosophenkaisers Marc Aurel (121–180 n. Chr.) hinterließ siebzig Bücher, in denen er seine zumeist auf Grundlage von Tiervivisektionen gewonnenen Erkenntnisse über die Abläufe im menschlichen Körper zusammenfasste.

Nach Galenus zirkuliert das Blut nicht im Körper, sondern es wird immer wieder neu gebildet: das dunkle venöse Blut in der Leber, das hellere arterielle Blut im Herzen. Gemäß seiner Vier-Säfte-Lehre verbrauchen die Organe das gebildete Blut vollständig, damit sie ihre spezifischen Leistungen erbringen können. Dieses Erklärungsmodell, nach dem das Blut im Körper linear in eine Richtung fließt, ist das am längsten gültige Paradigma in der Wissenschaftsgeschichte überhaupt. Denn die Vorstellungen des Galenus von der Wertschöpfungskette im Inneren des Menschen haben fast 1500 Jahre Bestand; erst der englische Arzt William Harvey (1578–1657) entdeckt in der ersten Hälfte des 17. Jahrhunderts, dass Blut im Körper nicht nur in eine Richtung, sondern immer im Kreis fließt. Wie kann Leonardo da bereits einhundert Jahre früher annehmen, das Blut gehe »immerfort kreisend«[38] durch den Körper? Zweifellos kann Leonardo bei dieser Behauptung so etwas wie die Gnade des Autodidakten für sich beanspruchen.

Leonardo lebt wahrscheinlich vom fünften Lebensjahr an bei der Familie seines Vaters und seines Großvaters in der Nähe von Florenz. In einer Grundschule, die in der Regel vom ortsansässigen Priester oder Notar geleitet wird, lernt er lesen und schreiben. Allerdings nur das gebräuchliche Italienisch, nicht das zu höherer Bildung qualifizierende Latein. Leonardo versucht, sich die Gelehrtensprache später selbst beizubringen, erreicht aber nie ein Niveau, das ihn zu fließender Anwendung des Lateinischen befähigen würde. Offensichtlich traut Piero seinem Sohn keine akademische Karriere zu, denn Leonardo geht nach der Grundschule nicht auf die Latein-, sondern auf die Rechenschule, die ihn auf einen kaufmännischen Beruf vorbereitet. Sein zeichnerisches Talent wird zumindest auf dem Gebiet der Geometrie aufgefallen sein, während er ansonsten wohl eher durchschnittliche Resultate nach Hause bringt. »In Arithmetik war er (...) nicht sonderlich bewandert, und Algebra, also das Rechnen mit Unbekannten, war für ihn ein Buch mit sieben Siegeln. Und man kann auch mit einiger Sicherheit annehmen, dass er sich auf Italienisch und erst recht auf Latein nicht besonders gut schriftlich auszudrücken vermochte.«[39] So ist es nur konsequent, Leonardo keine Ausbildung zum Kaufmann, sondern eine zum Handwerker angedeihen zu lassen. Diese allerdings dank der Beziehungen seines Vaters bei Andrea del Verrocchio, dem Besten seines Faches in Florenz. Leonardo wird ein Vertreter der *artes mechanicae*, einer jener in der Antike, dem Mittelalter und der Renaissance eher minder geachteten Menschen, die ihre Hände zum Broterwerb schmutzig machen müssen – wie Schneider, Maurer oder Köche. Das in der Regel siebenjährige humanistische Studium der freien Künste (*artes liberales*) ist unerreichbar für ihn; statt sich mit dem aus der Antike stammenden Kanon der sieben freien Künste (Grammatik, Rhetorik, Logik, Arithmetik, Geometrie, Musik, Astronomie) zu beschäftigen, lernt Leonardo die Grundlagen von Malerei, Bildhauerei, Häuser- und Kanalbau. Umfang und Qualität der Unterweisungen sind nur vom Werkstattmeister, nicht aber von einem verbindlichen Curriculum abhängig.

Im standesbewussten Florenz des 15. Jahrhunderts wird ein Handarbeiter wie Leonardo auch als *uomo sanza lettere* (wörtlich: »Mann ohne Buchstaben«, gemeint ist »ohne wissenschaftliche Bildung«) bezeichnet. Dennoch ließ es sich Leonardo nicht nehmen, über alles, was er sah, nachzusinnen und sich seine privaten Theorien zusammenzubasteln. Dementsprechend unkonventionell, poetisch, teils verstiegen, teils geradezu irrwitzig, in jedem Fall aber ohne jegliche akademische Strenge kommen sie daher. Leonardo kann als Autodidakt in geistigen Fragen nur auf seinen eigenen Beobachtungen, Intuitionen und Überlegungen aufbauen. Er besitzt zwar eine Bibliothek, doch der wissenschaftliche Hintergrund, der an den zu seiner Zeit großen italienischen Universitäten von Bologna oder Padua vermittelt wird, fehlt ihm. Viele Zusammenhänge muss er sich erklären lassen. »Sage Bruder Gian, dass er dir ›De ponderibus‹ erläutert.«[40] So kommt es, dass Leonardo seine Studien über das Wasser ohne akademische Systematik durchführt und den Kenntnisstand seiner Zeit weitgehend unbeachtet lässt.

Das ist allerdings nicht nur ein Manko, denn als Quereinsteiger in die Welt der Theorien verfügt Leonardo auch über höhere Freiheitsgrade in Bezug auf jene Bürde der Tradition, die der US-amerikanische Wissenschaftstheoretiker Thomas S. Kuhn (1922–1996) als *Paradigma* bezeichnet. Demnach wird ein herrschendes Denkmuster oder Paradigma in der Wissenschaftlergemeinde so lange mit Klauen und Zähnen verteidigt, bis seine Erklärungsnöte durch offensichtliche Selbstwidersprüche und überraschende Entdeckungen unübersehbar werden oder bis die Protagonisten dieser Paradigmen aussterben. So sehen sich Wissenschaftler oft gezwungen, gleichsam wider besseres Wissen in alten Paradigmen zu forschen, weil ihre Arbeiten sonst im akademischen Betrieb unterdrückt werden würden. Von solchen

Zwängen ist ein Autodidakt wie Leonardo frei, und so kann er ohne Denkbarrieren den Wasserkreislauf durch Analogieschluss mit dem Blutkreislaufs ergründen. Um es mit einem Bonmot zu sagen, gelingt Leonardo die Erklärung des Wasserkreislaufs auf Grundlage des Blutkreislaufs, weil er aufgrund seiner fehlenden systematischen Ausbildung in diesen Fragen keine Kenntnis davon hat, dass der Blutkreislauf noch gar nicht entdeckt ist. Insofern stiftet seine spezifische Form des Nichtwissens neues Wissen.

Allerdings wäre es völlig verfehlt, an dieser Stelle am Geniekult mitzutun und Leonardo auch noch als den Entdecker des Blutkreislaufs zu bezeichnen. Seine Erklärung der Blutbewegung mutet nämlich aus physiologischer Sicht geradezu abenteuerlich an. Die Idee, die Wärme als die bewegende Kraft des Kreislaufs im menschlichen Körper anzusehen, liegt letztlich noch weiter von der Einsicht in die grundsätzlichen Mechanismen dieses Prozesses entfernt als die zu Leonardos Zeit 1200 Jahre alte Theorie des Galenus. Der postuliert zwar den Verbrauch des Blutes, sieht jedoch zumindest das Herz mit seinen Kammern als zentral für den Prozess seiner Beförderung an.

Noch eine weitere Frage stellt sich im Zusammenhang mit dem Kreislauf des Wassers. Wenn es denn einen so regen Austausch gibt, warum fließt dann in den Flüssen Süßwasser, während die Meere salzig sind? Leonardo dekretiert: »Das Wasser ist salzig, weil sich darin eine Salzmine zu großen Teilen aufgelöst hat.«[41] Die Wolken aber können das Salz nicht aufnehmen. Da sie die Flüsse entstehen lassen, ist das Wasser dort nicht salzig, sondern süß. Leonardo stellt sich auch dem auf der Hand liegenden Gegenargument, dass dann »die endlose Zeit das Meer austrocknen oder in Salz verwandeln würde«[42]. Seine Entgegnung liest sich jedoch fast märchenhaft. Er meint, das überschüssige Salz werde »der Erde unter dem Meer zurückgegeben«[43]. Wieder wechselt Leonardo auf die Ebene des analogischen Denkens und setzt Mensch und Erde gleich. So wie die Salzkonzentration im Körper durch die Ausscheidung im Urin oder Schweiß konstant gehalten wird, so reguliert sich auch der Salzgehalt des Meeres. Auf welche Weise sich das Meer jedoch seiner Ausscheidungen entledigt, erfährt man von Leonardo nicht. Ebenso wenig erläutert er seine Feststellung: »Das Wasser des salzigen Meeres ist in den tiefsten Tiefen süß.«[44]

Heute machen Wissenschaftler im Wesentlichen zwei Ursachen für den Salzgehalt im Meer verantwortlich. Zum einen tritt an heißen Quellen am Meeresboden Salzwasser mit hoher Konzentration aus, zudem lösen sich nach Vulkanausbrüchen im großen Stil Salze aus der Lava. Insofern liegt Leonardo mit seiner Idee unterirdischer Salzminen gar nicht so falsch. Auch trügt ihn seine Intuition nicht, wenn er von einem Regulationsmechanismus ausgeht, der für eine gleichbleibende Konzentration im Meer sorgt. Tatsächlich geht aus geologischen Messungen hervor, dass sich der Salzgehalt seit mehreren Millionen Jahren nicht verändert. Das liegt vor allem an den Salzsenken am Meeresgrund, aus denen sich verschiedene Minerale bilden. In gewisser Weise könnte man hier also tatsächlich von Ausscheidungen des Meereskörpers reden, wie Leonardo es tat.

Was man von Leichen lernen kann

Wasser ist zu Leonardos Zeiten aufgrund seines hohen praktischen Wertes von enormer Wichtigkeit. Es kann als einzige Kraft Mühlräder kontinuierlich antreiben und Schmiedehämmer bewegen, es kann Städte und Burgen durch Wassergräben schützen, es lässt Pflanzen und Tiere gedeihen, als »Kutscher der Natur«[45] transportiert es Baumstämme aus den Bergen und Waren durch die Lande, es lässt sich durch Kanäle dahinleiten, wo man es haben möchte, und von dort wegführen, wo es die Bewirtschaftung von Sümpfen verhindert. Wasser aus Brunnen stillt den Durst, Flusswasser eignet sich zum Bierbrauen und zum Entsorgen von Fäkalien.

Für Leonardo wird das Wasser im Laufe seiner Studien zu einem geradezu intim vertrauten Gegenstand. Er beschreibt die Emotionen des Wassers, als wäre es ein lebendiges Wesen, spricht von der Wut, mit der es die Ufer beschädigen kann und in der Lage ist, seine »Unterlage zu verzehren«[46]. Dann wieder trödelt es und scheint voll eigener Wünsche. Überhaupt hat das Wasser einen recht eigenwilligen Charakter, sodass Leonardo auch darüber nachsinnt, ob es vielleicht gar denken kann. Einiges scheint dafür zu sprechen: »Wenn es sich von selbst bewegt, zeigt es, dass es denken kann.« Leonardos Gegenargument ist ebenso bizarr: »Es ist aber bei einem Körper, der fortwährend seine Gestalt wechselt, nicht möglich, dass er denken kann, denn einem solchen Körper fehlt die Einsicht.«[47]

Leonardo vertieft die Argumente für und wider die Denkfähigkeit des Wassers nicht, denn schon ist die nächste Beobachtung da, die seine Aufmerksamkeit verlangt und weitere Spekulationen zutage fördert. Die Beschaffenheit der Oberfläche von Flüssen etwa. Leonardo interessiert sich nicht weiter für das glatte Wasser, für ihn zählt nur der bewegte Fluss. Hier zeigt sich das Auge des Malers, den es am meisten reizt, die Dynamik in die Momentaufnahme des Bildes zu bannen. Doch jede Oberfläche hat eine Tiefendimension, und wer das Äußere darstellen möchte, muss das Innere kennen. Woher also kommt das unruhige Tanzen des Flusses? »Der Grund dafür ist, dass die Oberfläche des Wassers die Beschaffenheit des Grundes zeigt, einem Strumpf gleich, der ein Bein bekleidet.« Die hydrologische Begründung der Wasserverwerfung auf der Oberfläche ist wiederum von eigenwilliger Originalität: »Der Teil des Wassers nämlich, der den Grund furcht, trifft auf mannigfaltige Buckel von Steinen, von denen er abprallt und in die Höhe schnellt, wobei er das ganze andere Wasser mitzieht, das über ihm liegt.«[48]

Der Vergleich, den Leonardo wählt, macht seine Methode anschaulich. So wie niemand auf die Idee kommen würde, einen Strumpf zu malen, ohne das darunterliegende Bein genau zu kennen, so widmet sich Leonardo immer zuerst der Tiefenstruktur seiner Objekte. Daher ist auch sein Interesse an Leichenöffnungen weniger vor medizinischem denn vor künstlerischem Hintergrund zu sehen. Leonardo nutzt jede Gelegenheit, einer Sektion beizuwohnen, um Muskeln, Sehnen und Organe zu studieren, damit er die

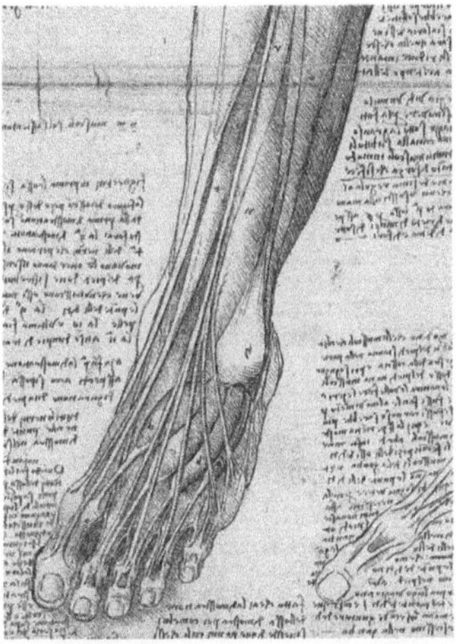

Körper umso plastischer zeichnen kann. Auch legt er selbst Hand an: »So habe ich, um eine wahre und vollständige Kenntnis davon zu gewinnen, mehr als zehn menschliche Körper zerlegt. (…) Da ein einziger Körper sich nicht solange hielt, wie nötig war, musste ich an vielen Körpern nacheinander fortfahren.«[49] Der Anatomieprofessor Marcantonio della Torre (1481–1511) von der Universität Pisa lädt Leonardo zu Sektionen ein. Sie planen sogar, ein Buch über ihre gemeinsame Passion zu verfassen. Auch das wird nicht fertig, was möglicherweise weniger dem sprunghaften Sinn des Künstlers als vielmehr dem frühen Tod des Anatomen geschuldet ist. Leonardo jedenfalls hinterlässt über zweihundert in ihrem Detailreichtum äußerst eindringliche Zeichnungen von menschlichen Skeletten, Muskeln und Organen, die jedem Anatomieatlas vor Erfindung der Fotografie zur Ehre gereichen[50]. Seinen Notizbüchern vertraut er an, wie viel Überwindung ihn die Sektionen letztlich kosten: »Wenn du auch die nötige Liebe für diese Sachen haben magst, so wirst du vielleicht durch deinen Magen davon abgehalten, und wenn dieser dich nicht abhält, dann wird die Furcht, zur Nachtzeit in der Gesellschaft solcher gevierteilter und enthäuteter und schrecklich aussehender Leichen zu verbringen, dich vielleicht abschrecken.«[51]

Die Analyse der Dynamik von Oberfläche und Untergrund ist auch das bestimmende Motiv, wenn Leonardo vom Fluss zum Meer wechselt und die Wellen studiert. Stunden-, ja, tagelang muss der Maler am Strand gesessen und das Wellenspiel beobachtet haben. Beschreibungen mischen sich mit durch nichts belegten Vermutungen und schwingen sich schließlich gar zu Gesetzen auf. Neunzehn Lehrsätze entwickelt Leonardo über das Wasser, die jeweils von mehreren Regeln untermauert sind. Doch ist in den Sätzen keine Systematik zu erkennen, wobei natürlich bedacht werden muss, dass eine von Leonardo angelegte Ordnung durch den verantwortungslosen Umgang mit seinen Notizen und Skizzen nach seinem Tod möglicherweise zerstört wurde. Leonardos treuer Schüler Francesco Melzi erbt unter anderem die Manuskripte des Meisters, die auf etwa 20 000 Seiten geschätzt werden. Melzi hütet das Erbe und versucht, es nach Gebieten zu ordnen und zusammenzustellen. So gibt Melzi Leonardos Traktat über die Malerei heraus. Doch nach seinem Tod geht der ganze Nachlass in den Besitz seines Sohnes Orazio über. Melzis Nachkomme hat nur bedingt Sinn für den Wert dieses Erbes. Er verkauft und verschenkt wahllos Leonardos Schriften und Skizzen und sorgt dafür, dass sie in alle Winde verstreut werden. Vieles geht verloren. So überstehen nur etwa 6000 Blätter die Zeitläufte.

Doch selbst wenn Leonardo eine Systematik in seinen Notizen zur Natur des Wassers angelegt und alle Sätze und Regeln ausformuliert haben sollte, könnte man aus seinen Aufzeichnungen kein hilfreiches Lehrbuch für Ingenieure und Hydrologen zusammenstellen. So heißt es etwa im 19.

Lehrsatz: »Die Strömung des Flusses verzehrt auf der Seite, wo sie anschlägt, den Fuß der Berge und gibt das Weggenommene auf der gegenüberliegenden Seite, wo sie zurückgeworfen wird, wieder zurück.«[52] Mit Lehrsätzen solcher Art kann man weder Kanäle bauen noch Theorien begründen. Seine Anweisungen zum Kanalbau von Florenz, die sich ebenfalls in seinen Notizen finden, hat Leonardo jedenfalls nicht aus seinen Gesetzen gewonnen. Möglicherweise sind es hochgerechnete Erfahrungswerte, vielleicht aber auch reine Fantasieprodukte – sehr wahrscheinlich eine Mischung aus beidem: »Man mache diesen Kanal 20 Ellen breit auf dem Grund und 30 oben. Und da seien immer 2 bracci [Wasser] oder 4. 2 Ellen werden davon den Mühlen und den Wiesen dienen, das wird dem Land fruchten.«[53] Den Praxistest müssen Leonardos Vorgaben nicht bestehen, da auch der Kanal von Florenz nicht verwirklicht wird. Es fällt auf, dass Leonardo in den überlieferten Notizen rasch von der wasserbaulichen zur merkantilen Ebene wechselt. An einen imaginären Auftraggeber schreibt er: »Und mache dir klar: Wenn man beim Ausheben des Kanals, wo er 4 Ellen tief ist, 4 Dinare pro Quadratelle ausgibt, dann gibt man bei der doppelten Tiefe 6 Dinare aus. (…) Wenn der Graben auf dem Grund 32 Ellen misst, sind es 8 Dinare pro Quadratelle.«[54]

Warum sich der Lauf eines Flusses umkehren muss und es doch nicht tut

In dem sehr selbstbewussten Bewerbungsschreiben, mit dem er Ludovico Sforza 1482 seine Dienste anbietet, rühmt sich Leonardo seiner Fähigkeit, die effizientesten Kriegsgeräte bauen zu können. Das Wasser spielt dabei auch eine Rolle. So könne er die überlebenswichtige Flüssigkeit bei Belagerungen aus den Kanälen entfernen. Und »in Friedenszeiten wird es nützlich sein, zu allgemeinem Nutzen Architektur zu pflegen (…) und die Wasser von Ort zu Ort zu führen«[55]. Am Hofe des wegen seiner Haut- und Haarfarbe »il Moro« genannten Fürsten ist Leonardo schließlich wohl auch für den Erhalt der Wasserwege in der Lombardei zuständig. Möglicherweise wirkt er dort bei der Regulierung der Kanäle des Herzogtums Novara mit und begleitet die Trockenlegung der Region um Vigevano. Welchen Anteil Leonardo an diesen Wasserbauarbeiten tatsächlich hat, ist schwer zu rekonstruieren. Sicherlich fällt ihm jedoch keine tragende Rolle zu. Glaubt man dem Schriftsteller Dmitri Sergejewitsch Mereschkowksi, gehören zu den konkreten Aufgaben Leonardos in Wasserdingen eher handwerkliche Tätigkeiten. In seinem biografischen Roman *Leonardo da Vinci. Das Leben des genialen Künstlers und Universalgelehrten* beschreibt er, wie der Künstler durch Hausmeisteraufgaben immer wieder bei der Arbeit an dem von Sforza beauftragten Abendmahl unterbrochen wird. Sosehr seinen Schüler Giovanni das Unstandesgemäße daran empört, so bereitwillig lässt sich Leonardo von der Vollendung seines Kunstwerkes im Dominikanerkloster Santa Maria delle Grazie abhalten. »Giovanni bemerkte mit Erstaunen, dass sein Meister sich gar nicht nach dem Heiligen Abendmahl umwandte und dass er willig dem Heizer folgte, um die Abflussrohre für schmutziges Wasser im herzoglichen Bad zu reparieren; er schien sogar froh zu sein, dass er nun einen Vorwand habe, sein Werk zu verlassen.«[56]

Doch Leonardos große Visionen zum Kanalbau bleiben bereits im Entwurfsstadium stecken. Um Florenz einen Meerzugang zu ermöglichen, will er die nicht schiffbaren Bereiche des Arno mit einem Kanal umgehen. Ein Mammutprojekt, das nicht in die Praxis umzusetzen ist. Ebenso wenig wie die Trockenlegung der Pontinischen Sümpfe. Immerhin beruft Papst Leo X. (1475–1521) Leonardo zum Berater für dieses ebenfalls nicht verwirklichte Projekt zur Urbarmachung dieses Gebiets in Mittelitalien. Besonders von den Flusslandschaften des Arno hinterlässt Leonardo zumindest sehr eindrückliche Skizzen.

Seine Beobachtungen bekommen ihre Würze nicht nur durch die Genauigkeit des geschulten Malerauges, sondern auch durch die Intensität, mit der er scheinbar Belangloses zu schildern vermag. Das Brechen einer Welle wächst sich in der Beschreibung Leonardos zu einem regelrechten Drama aus.[57] Das an den Strand gespülte Wasser fließt ins Meer zurück, »schlägt (...) auf die Basis der nachfolgenden Welle und verlangsamt sie. Und so läuft der Kamm der Welle schneller als die Basis, und der Kamm ist plötzlich ohne Unterlage und stürzt daher auf seine (...) Basis, die nach dem Aufschlag unter den Schaum schlüpft und nur diesen zurücklässt«[58].

Ein ums andere Mal fasziniert es, Leonardo gleichsam dabei zusehen zu dürfen, wie sich seine Beobachtungen sogleich zu Gestalten formen. Der Maler kopiert nicht einfach nur, was er sieht, er lässt vielmehr alles, was sich ihm zeigt, noch einmal vor unserem Auge erstehen. Er baut die Natur aus dem Kanon seiner Formen und Geschichten neu. Das Resultat mag dem Vorbild zum Verwechseln ähnlich sehen, aber der Betrachter bemerkt recht schnell, dass irgendetwas ein klein wenig anders ist. In diesem winzigen Unterschied, der den großen Unterschied zur Realität macht, zeigt sich Leonardos Sprung ins Metaphysische. In einem geradezu magischen Akt lässt er das gemeinhin nicht Erscheinende an der Erscheinung miterstehen. Um das zu erreichen, widmet sich Leonardo seinen Objekten mit unglaublicher Intensität und erstaunlicher Akribie.

Zu Beginn des von ihm geplanten ersten Wasserbuchs definiert Leonardo mit ungewohnter begrifflicher Strenge seine Gegenstände. Vom Weiher über den Fluss und den Gießbach, der »nur bei Regenfällen« fließt, bis hin zum Kanal, der Quelle und dem Damm, »der sich mit jäher Höhe gegen das Breiterwerden der Flüsse« stellt, das Hochufer oder den Strand, ebenso wie Sümpfe, »die toten Gewässer«[59] oder Wasserhosen. Die folgenden vierundsechzig Begriffe, mit denen Leonardo die Bewegungen des Wassers beschreibt, gestatten einen tiefen Einblick in die alles verwandelnde Kraft des beobachtenden Geistes von Leonardo. Die Aufzählung erinnert in ihrer Art eher an konkrete Poesie als an die Prosa der Renaissance, was daran liegen mag, dass Leonardo ebenso wie die Avantgarde des 20. Jahrhunderts in sehr engem Kontakt mit seinem Unbewussten steht: »Rückprall, Drehungen, Wendungen, Wälzungen, wirbeln, zurückspringen, untertauchen, hervorquellen, abwärtsfließen, aufwärtsfließen, Aushöhlungen, Verzehrungen, aufschlagen, herabstürzen, fallen, drängen, strudeln, Zusammenstöße, Ausnagungen, Wellenschläge, kräuseln, brodeln, herabstürzen, trödeln; quellen, fluten, ausfließen, untertauchen, schlängelndes Rinnen; murmeln, rauschen; Stauungen, Brandungen; Ebbe und Flut, Wucht und Wut, Zertrümmerungen, Schlünde, Uferhöhlen, Wirbel, Abstürze, niederprasseln, toben, wüten, stürmisches Stürzen, Ausgleichungen, Gleichheit, Furchung des Gesteins, Stöße, brodeln, Überflutung der oberflächlichen Wellen, gemächliches Fließen, Brechungen, Spaltungen, Öffnungen, munteres Eilen, Ungestüm, Raserei, heftiges Drängen, zusammenfließen, abwärtsfließen, Mischungen, Drehungen, fallen, hochschnellen, Zerfressen der Dämme, Trübungen.«[60]

Diesen Detailreichtum verdankt Leonardo nicht nur seinen Naturbeobachtungen. Unter seinen Zeichnungen finden sich Darstellungen kleiner Versuchskanäle, die Leonardo anfertigen lässt. Wahrscheinlich sind in den Holzmodellen auch Glasscheiben verbaut, durch die er die Wasserbewegungen in der Tiefe verfolgen kann. Besonders plastisch werden die Strömungsverhältnisse, denn Leonardo arbeitet

bei diesen Versuchen mit gefärbtem Wasser. Am Modell widmet er sich Wirbeln und Strudeln, die es dem Maler ihrer Dynamik wegen angetan haben. Von seinem Studium der Flussläufe weiß er, dass sich das Wasser »mit weitaus größerer Wucht in der Mitte ihrer Breite als an den Seiten«[61] bewegt. Daher muss es einen Bereich geben, in dem langsamere und schnellere Strömungen aufeinandertreffen. Genau dort wittert Leonardo das Außergewöhnliche, das ihn in seinem Studium der Natur am meisten reizt. Er wird denn auch belohnt.[62] An der Bruchstelle kontinuierlicher Strömungen, die er in seinem Modell durch einen größeren Stein provoziert, sieht er Turbulenzen entstehen. In der Feinanalyse kann er sogar Gegenströmungen ausmachen, die unter bestimmten Bedingungen zur Bildung von Strudeln führen. »Nachdem sie einmal erzeugt sind, werden sie, sich so drehend, von der Wucht des Wassers in die nämliche Gestalt getrieben, sodass sie eine zweifache Bewegung machen: eine um sich selbst drehend, die andere mit dem Wasserlauf, der den Wirbel wirbelnd mitnimmt, bis er ihn schließlich auflöst.«[63]

An diesem Beispiel stellt sich noch einmal Leonardos Denkweise plastisch dar. Er nähert sich den Dingen von zwei Seiten her. Einerseits ist da der Realitätssinn seiner Beobachtungen, der ihm sagt, dass die Strudel entstehen und vergehen, andererseits aber spielt in seine Überlegungen der

Möglichkeitssinn hinein, der die wahrgenommene Realität für Momente außer Kraft setzt und sie so erweitert. Etwa wenn sich Leonardo im Detail ausmalt, wie das langsamere Wasser auf den raschen Mittelstrom trifft. Es wird dann herumgeworfen und aus seiner eingeschlagenen Richtung gelenkt. Allerdings geschieht das nicht nur an einem Punkt, sondern überall entlang der Strömungskante. Wenn dem so ist, müsste dann nicht aber der langsamere Teil des Flusses nach und nach seinen Lauf umkehren und schließlich in die entgegengesetzte Richtung fließen? Nun übernimmt der Realitätssinn wieder, mit dem Leonardo wahrnimmt, dass auch das langsamere Wasser stromabwärts fließt, die Umkehrung also unmöglich ist. »Da aber dies nicht sein kann, muss sich das Wasser notwendigerweise umdrehen und in sich selbst diese schnellen Bewegungen zu Ende führen, sodass die einmal begonnenen Schwünge in verschiedene kreisrunde Bewegungen eingehen, die man Wirbel nennt.«[64]

Insofern sieht Leonardo den Wirbel als Lösung eines Problems an und misst ihm die Funktion zu, den Abwärtslauf des Wassers auch noch zu gewährleisten, wenn schnell und langsam fließendes Wasser zusammenstoßen. Wirbel und – im Extremfall – Strudel sind damit fest in den Naturzusammenhang eingebunden und werden nicht als Zierrat angesehen, mit dem sich die Flüsse schmücken. Diese Form der wahrnehmenden und zugleich denkend spekulativen Anverwandlung der Naturphänomene befähigen Leonardo zu eindrucksvollen Zeichnungen. Noch in den beiläufig hingeworfenen Skizzen, die durch den sogenannten Codex Leicester (auch Codex Hammer genannt und mittlerweile im Privatbesitz des Microsoft-Gründers Bill Gates) auf uns

gekommen sind, erzählt Leonardo malend die Geschichte eines jeden Wirbels.[65] Ihm gelingt es, den gesamten Prozess der Bildung des Wasserereignisses im Moment seiner Darstellung zu verdichten. Vor diesem Hintergrund liegt es nahe anzunehmen, es sei ein Leichtes für ihn, Wegweisendes in Wasserdingen zu erfinden.

Die Kanalbaumaschine oder zwei Kräne, ein Seil und 20000 Mann

Vor Erfindung der Eisenbahn hatten Flüsse immense Bedeutung für die Beförderung schwerer Güter. Die Kapazität von Schiffen ist ungleich größer als jene von Pferdewagen und das fließende Wasser sicherer als behelfsmäßig befestigte, von Verschlammung bedrohte Pfade über Land. Insofern gilt dem Kanalbau bereits im Hochmittelalter besonderes Augenmerk. Das erste technische Meisterwerk dieser Art in Italien verbindet Mailand mit dem Lago Maggiore. Der Naviglio Grande, der große Kanal, entsteht zwischen 1177 und 1257. Im 14. Jahrhundert verschifft man auf diesem Wasserweg unter anderem den für den Bau des Mailänder Doms benötigten Marmor. Bei einer Grundfläche von 11000 Quadratmetern und einer Höhe von über 100 Metern sind dies gewaltige Mengen. Auch in Florenz träumt man von einem Kanal, der die Handelsmetropole mit dem Meer verbindet.

Wahrscheinlich datiert Leonardos Zeichnung der Kanalbaumaschine von 1504. Nach dem Sturz seines Gönners Ludovico Sforza im Jahr 1500 verlässt Leonardo Mailand und geht über Venedig schließlich nach Florenz zurück. Dort malt er das Porträt der Mona Lisa del Giocondo und befasst sich wohl auch mit Plänen und Ideen für die Schiffbarmachung des Arno[66]. Dazu muss der für Schiffe nicht passier-

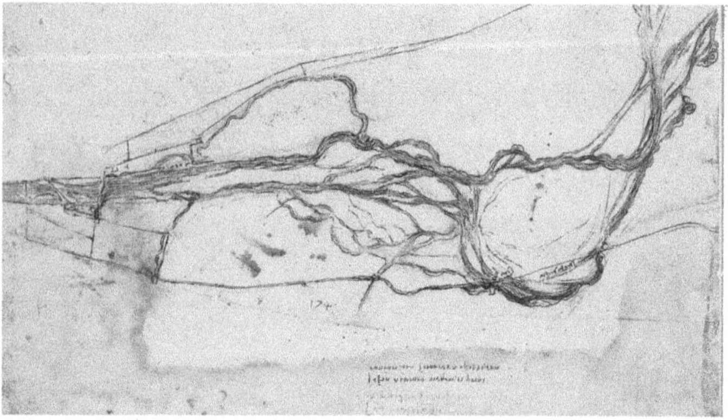

bare Arno bei Florenz mit dem schiffbaren Teil des Flusses in der Nähe von Pisa verbunden werden. Leonardo notiert: »Ich muss ihn über Prato und Pistoia leiten und bei Serravalle durchstechen und in den See dort münden lassen.«[67] Ein gigantisches, nie verwirklichtes Projekt, für das man eine Kanalbaumaschine gut hätte verwenden können.

Die zentrale Idee der Vorrichtung ist die Verbindung zweier Kräne. Sie arbeiten mit einem einzigen Seil, sind jedoch in der Seitwärtsbewegung selbstständig, sodass sie unabhängig voneinander geschwenkt werden können. Ist nun der auf dem Boden stehende Container am einen Ende des Seils mit Abraum gefüllt, wird er durch die Betätigung des Antriebsrades emporgezogen, während sich der Baggereimer am anderen Ende des Seils senkt. Der volle Behälter kann nun geschwenkt und entleert werden. Dann tauschen die beiden Baggereimer wieder den Platz. Die spezielle Konstruktion der Kräne ermöglicht die Ausschachtungsarbeit auf zwei verschiedenen Ebenen. Da die beiden Abraumbehälter jedoch an den beiden Enden ein und desselben Seiles hängen, setzt das eine präzise Koordination voraus. Wahrscheinlich wollte Leonardo zeitgleich Arbeiter auf zwei Ebenen des entstehenden Flussbetts und einen weiteren Trupp außerhalb für die Entleerung einsetzen. Zugleich ist die in ihren Ausmaßen gewaltige Kanalbaumaschine auf Holzschienen gelagert. Schreiten die Ausschachtarbeiten voran, kann der Koloss mithilfe einer auf der Mittelschiene befestigten Schraubenwinde folgen.

Wenn man bedenkt, dass der Arnokanal achtzehn Meter breit und sechs Meter tief sein sollte, kann man aus den Verhältnissen in der Zeichnung folgende Schätzungen ableiten. Die Kanaltiefe ist etwa auf Höhe der ersten Querverstrebung des unteren Krans erreicht. Das wäre knapp ein Viertel der Gesamthöhe der Kanalbaumaschine, die damit gut 24 Meter messen müsste. Da der Holzbau fast die gesamte Breite des Flussbetts einnimmt, kann man davon ausgehen, dass Leonardos Doppelkrankonstruktion etwa fünfzehn Meter tief sein sollte.

Die Direktoren des Leonardo3-Museums in Mailand, Mario Taddei und Edoardo Zanon, sowie der Kunsthistoriker Domenico Laurenza, haben versucht, mithilfe von Computergrafiken die Tragweite von Leonardos Erfindungen auszuloten. Sie vermuten, dass auch Arbeiter mit den Containern der Kanalbaumaschine befördert werden sollten: »Wenn der untere Eimer gefüllt war, so stiegen die Arbeiter außerhalb des Kanals – nachdem sie sich kurz erholt hatten – in den leeren Baggereimer und kehrten mit ihm zur Ausschachtungsstelle zurück.«[68] Diese Interpretation der von Leonardo intendierten Arbeitsabläufe weist einige Ungereimtheiten auf. Denn wenn der Arbeitstrupp, der gerade noch außerhalb des Kanals den Abraum aus dem Container geschippt hat, in den Kanal zurückschwebt, muss der andere Trupp, der den zweiten Container befüllt hat, »aus dem Kanalbett hochsteigen und außerhalb der Baustelle den mit Erdreich gefüllten Eimer leeren«[69]. Anderenfalls wäre niemand da, um den Container zu entleeren. Diese Arbeitsorganisation scheint jedoch hochgradig ineffizient. Zum einen würde Zeit verschwendet, da der Kran seine Last viel schneller aus dem Kanal herausbefördert hätte als die Arbeiter ihre Körper. Zum anderen würden sich die Arbeiter durch den wiederholten Aufstieg aus dem Kanalbett unnötig erschöpfen. Warum also die Trupps nicht vor Ort bleiben und den Kran die Bewegung leisten lassen?

Außerdem ist unklar, wie die Container zu dem im Hintergrund der Zeichnung zu erkennenden Abraumhügel gelangen sollen. Bei beiden Kranarmen gibt es keinen Hinweis darauf, dass sie ausgefahren werden können. Somit sind sie nur im exakt gezeichneten Halbkreis schwenkbar. Die Baggereimer würden gerade so den Rand des auszuhebenden Flussbetts erreichen. Die Arbeiter könnten zu schippen beginnen, doch um den Container gänzlich zu leeren, müssten sie schließlich hinüberspringen. Bei den geplanten Dimensionen der von Leonardo skizzierten Kanalbaumaschine würde eine solche Aktion jedoch ein hohes Maß an Todesverachtung voraussetzen. Folgt man der Logik von Leonardos Skizze, so sind die Abraumbehälter mittig aufgehängt, sodass man von einer immensen Kippanfälligkeit ausgehen muss. Die Arbeiter müssten also sechs Meter über dem Kanalgrund in einen Container hinüberspringen, dessen Auslenkung unvorhersehbar wäre.

Die Kanalbaumaschine lässt vor allem deswegen verschiedene Interpretationen hinsichtlich ihres Einsatzes und ihrer Bedienung zu, weil sie nicht über das Entwurfsstadium hinausgekommen ist. Daher klingt die oben zitierte Erwähnung der kurzen Ruhepause für die Arbeiter unfreiwillig komisch oder sogar gewollt suggestiv. Die Museumsdirektoren aus Mailand verfolgen mit ihrem Buch die bereits im Titel bekundete Absicht, Leonardo als »genialen Erfnder« herauszustellen. Indem sie den Arbeitsablauf in möglichst vielen Details beschreiben, als habe er tatsächlich stattgefunden, suggerieren sie, dass Leonardos Kanalbaumaschine gebaut wurde und immensen Erfolg hatte. Doch sie kam nicht nur nicht zum Einsatz, sondern sie wurde sehr wahrscheinlich nicht einmal als Modell von Leonardo verwirklicht.

Bei genauerem Hinsehen handelt es sich auch gar nicht um eine Kanalbaumaschine. Eine solche würde die Bezeichnung als Maschine erst verdienen, wenn sie in der Lage wäre, den Abraum auszuheben und ihn dann aus dem Kanal herauszubefördern, so wie es etwa ein Bagger tut. Das in der Skizze von Leonardo dargestellte Gerät könnte man ohne den Geniekult im Hinterkopf als »Abraumentsorgungshilfe« bezeichnen. Dann würde auch nicht aus dem Blick geraten, dass die Arbeiter die eigentliche Leistung vollbringen. Sogar bei der Entleerung der Container ist Menschenkraft gefragt. Eine einfache Kippvorrichtung wäre hier hilfreich gewesen.

Auch die Funktion und Bedienung des Antriebsrads bleibt im Dunkeln. In der Zeichnung ist nicht zu erkennen, ob das Seil direkt über das Rad laufen oder sich neben dem Rad aufwickeln soll, wie es die Computeranimation interpretiert.[70]

Wahrscheinlich wäre beides möglich. Allerdings finden sich keine Hinweise darauf, wie das Rad selbst angetrieben werden soll. Zu Leonardos Zeiten gibt es dafür eigentlich nur die Möglichkeit der Mühle. Wasser- oder Windmühlen scheiden aber aus, weil die Baustelle nicht am Ort bleibt. Der englische Luftfahrthistoriker Charles Gibbs-Smith vermutet, dass Leonardo das Rad über eine Tretmühle antreiben wollte.[71] Für seine Vermutung bringt Gibbs-Smith jedoch keine Beweise. Doch selbst wenn eine von menschlichen oder tierischen Muskeln bewegte Mühle den Antrieb leisten und die Container in die Höhe schrauben würde, bleibt ungeklärt, wie das Rad die Schwenkbewegungen der Kräne einleiten könnte.

Die zentrale Idee Leonardos, die beiden Kräne durch die Verwendung eines einzigen Seils zu koppeln, würde im Praxistest Probleme mit sich bringen, weil sie eine präzise Abstimmung des Arbeitstempos erfordert. Sobald durch Wurzelwerk, größere Steine oder anderweitig schwer zu erschließenden Abraum die Arbeit stockt, wäre der andere – längst geleerte Container – blockiert und die Arbeiter dort müssten untätig herumsitzen. Der von Leonardo möglicherweise durch das eine Seil intendierte Wippeneffekt, nach dem die Gewichte der Container den Hebeprozess unterstützen, kommt ohnehin nicht zum Tragen. Schließlich befindet sich der leere und dadurch leichtere Container in der Luft, sodass er kaum unterstützende Wirkung entwickeln kann, wenn der schwerere vom Boden abhebt.

Das eine Seil bringt noch ein weiteres Problem mit sich. Damit die Container auf dem jeweiligen Erdniveau abgestellt werden können, muss die Seillänge zentimetergenau abgestimmt werden. Aber was geschieht, wenn die zu beräumende Fläche Unebenheiten oder gar Hügel aufweist, was jenseits des Reißbretts nicht die Ausnahme, sondern die Regel ist? In diesem Fall würden die Container möglicherweise in der Luft hängen, oder das Seil müsste immer wieder nachjustiert werden. Es ist also alles in allem nicht einzusehen, worin letztlich der Vorteil der Kopplung liegen könnte. Einen höheren praktischen Nutzen hätten in jedem Fall zwei unabhängig voneinander zu bedienende Kräne.

So reduziert sich die Innovationskraft von Leonardos Kanalbaumaschine letztlich auf den Einsatz von Kränen. Diese aber sind selbstredend keine Erfindung von Leonardo. Auf den Baustellen im alten Griechenland kamen Kräne bereits seit dem 6. Jahrhundert vor Christus zum Einsatz. Leonardo erlebt Kräne und andere Hebevorrichtungen während seiner Ausbildung in Florenz aus nächster Nähe (siehe S. 236).

Die Kanalbaumaschine verdient weder ihren Namen noch sprechen gute Gründe dafür, sie als Erfindung zu bezeichnen. Trotzdem aber zeigt sich an Leonardos Skizze seine Könnerschaft, und zwar im Hinblick auf die Gestaltung der Perspektive, deren mathematische Gesetze der Florentiner Filippo Brunelleschi (1377–1446) erst Anfang des 15. Jahrhunderts entdeckt hat. Die räumliche Imagination in Leonardos Bild gewinnt noch an Wert, wenn man sich vor Augen führt, dass Leonardo das Halbrund der Baustelle mit dem Doppelkran in der Mitte nicht abgemalt hat, sondern vor seinem geistigen Auge hat erstehen lassen. Inso-

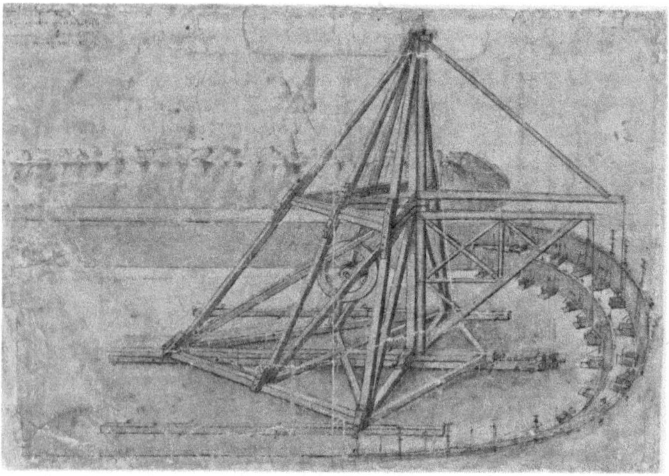

Kanalbaumaschine[72]

fern übersteigt bei der Kanalbaumaschine der gestalterische wohl auch den technischen Ehrgeiz Leonardos.

In heutigen Abraummaschinen kann man schwerlich ein Erbe Leonardos erkennen. Seine Idee der kombinierten Kräne hat keine Aufnahme in die Geschichte technischer Innovationen gefunden. Wenn es um den großflächigen Abbau von Erdreich oder Kohle geht, werden in der Regel überhaupt keine Kräne verwendet. Vergleichbare Projekte wie die Ausschachtung des Arnokanals werden heute von Schaufelradbaggern durchgeführt. Während sich die Schaufelräder in die Landschaft fressen, wird der entstehende Abraum noch ein Stück in der Drehrichtung aufwärtstransportiert, bevor er dann durch seine eigene Schwerkraft auf ein Förderband hinabfällt und fortgeschafft wird. Die gewaltigen Dimensionen der Schaufelradbagger erinnern ein wenig an Leonardos Vision der Kanalbaumaschine, auch wenn sich diese vor dem Bagger 293, dem Flaggschiff der Abraummaschinen, eher wie ein Modell ausnehmen würde. 225 Meter lang, fast 100 Meter hoch und 45 Meter breit ist das Ungetüm, das im Tagebau täglich etwa 360 000 Tonnen wegschaffen kann. Drei Motoren mit einer Leistung von jeweils 2284 PS geben dem Bagger 293 die nötige Kraft.

Die Klärung der Antriebsfrage ist es letztlich, die zwischen Leonardos Ideen für Maschinen und der Wirklichkeit der Technologie den epochalen Unterschied macht. Was immer Leonardo auch erfinden will, es fehlt der Antrieb für die neuartigen Geräte. Bei seiner Kanalbaumaschine kümmert er sich erst gar nicht um diese Frage. Hätte er tatsächlich auf eine Tretmühle gesetzt, bräuchte er etwa 20 000 Menschen, die kontinuierlich strampeln, um die Antriebsleistung des Baggers 293 zu erreichen. Das entspricht zu Leonardos Zeiten fast der Einwohnerzahl von Rom. Dort, wo heute ein Schaufelradbagger arbeitet, ist es hingegen gespenstisch menschenleer.

Wasserski oder wie ein Genie auf dem Wasser geht

Im Codex Atlanticus, der seinen Namen nicht wegen des Ozeans, sondern wegen des Atlantenformats von 64,5 mal 43,5 Zentimeter trägt, findet sich ein Vorschlag für einen Wasserläufer.[73] Aus den wenigen Strichen der hingehuschten Skizze springt einen das enorme Gestaltungsvermögen Leonardos förmlich an. Mit einer Art Lendenschurz bekleidet, schreitet ein Jüngling in überdimensionalen Schuhen auf dem Wasser einher. Mit seinen Händen führt er dabei zwei Stöcke, an deren Enden größere Teller angebracht sind. Wie ein Skiläufer im Schnee bewegt er sich vorwärts. Kraftvoll, dynamisch vornübergebeugt, scheint ihn allein seine Zuversicht über das unruhige Wasser zu tragen. Ein Fantasiegebilde, das unter rein technischen Gesichtspunkten ohne jeglichen Belang ist. Bereits nach dem ersten Schritt würde der Jüngling untergehen, und der Versuch, die Stöcke aus dem Wasser zu ziehen, würde das Drama nur noch beschleunigen. Einziger Hinweis: ein Vermerk in der von Leonardo für seine Aufzeichnungen verwendeten speziellen Spiegelschrift: »Wie man auf dem Wasser geht.«[74]

Hier zeigt sich Leonardo wiederum nicht als Ingenieur, der die Wirklichkeit umgestalten will, sondern als Maler, der seine inneren Bilder gegenständlich werden lässt. Das tut er sogar in dieser beiläufigen Skizze derart gekonnt, dass man als Betrachter verleitet ist, an die Möglichkeit des Laufens auf dem Wasser zu glauben. Diesem trügerischen Evidenzerlebnis folgt auch Charles Gibbs-Smith in seinem Buch über die Erfindungen von Leonardo da Vinci zumindest ein Stück weit, wenn er unterstellt, dass Leonardo »bei seiner Zeichnung nicht an einen Freizeitsport, sondern an die Folgerungen [dachte], die sich militärisch ergaben, wenn man Wassergrenzen überwinden konnte«[75]. Darüber, wie es ihm gelungen ist, in die Gedankenwelt Leonardos einzudringen, schweigt sich Gibbs-Smith aus. Der erste Satz seiner Einleitung, in dem er Leonardo als einen der »größten Männer der abendländischen Kulturgeschichte«[76] bezeichnet, gibt jedoch Anlass zur Vermutung, dass es ihm darum geht, mit am Geniekult zu arbeiten, der sich besonders im 20. Jahrhundert um die Gestalt Leonardo da Vincis rankte.

Ein Universalgenie passte sehr gut in die Propagandamaschinerie von Benito Mussolini, der Italien seit 1922 führte. Der Duce wollte das antike Römische Reich in den einstigen Ausmaßen reinstallieren. Bot sich da ein uritalienischer Maler, Architekt, Wissenschaftler und Erfinder, der auf allen Gebieten Übermenschliches leistete, nicht geradezu an, um die faschistische Diktatur mit einem dekorativen Feigenblatt zu zieren? Die große Leonardo-Ausstellung, die 1939 in Mailand stattfand und erstmals Modelle zu Leonardos Skizzen im großen Stil zeigte, kam da wie gerufen. Ihr selbst erklärtes Ziel lag darin, »die geistigen Verflechtungen aufzuzeigen, die den großen Entdecker und Schöpfer mit den Errungenschaften Italiens unter Mussolini verbinden«[77]. Hier wurde der Startschuss gegeben für ein »demagogisch verwertbares Leonardobild«[78], wie der italienische Kunsthistoriker und Leonardo-Experte Carlo Pedretti (1928–2018) schreibt. Die Ausstellung, die Leonardo zum »Propheten aggressiver expansionistischer und rassistischer Weltanschauungen«[79] machte, wurde ein ideologischer Exportschlager. Über die USA gelangte sie schließlich zum Bündnispartner Japan, wo sie ausgerechnet bei einem Luftangriff auf die Achsenmacht zerstört wurde.

Während die Faschisten abtreten mussten, hat der Geniekult um Leonardo überdauert. In der zweiten Hälfte des 20. Jahrhunderts geht die ideologische Vereinnahmung des italienischen Genius nahtlos in eine kommerzielle Verwertung über. Die Marke Leonardo wird zu einem erfolgreichen Merchandising-Projekt. Vom T-Shirt mit dem teuersten Gemälde der Welt über Tuschkästen und Modellbausätze seiner Erfindungen bis hin zu Kalendern, Tassen und Bettwäsche mit dem vitruvianischen Menschen als Motiv, das auch die Versicherungskarte vieler Krankenkassen ziert.

Dieser Geniekult verleitet schließlich auch Wissenschaftler dazu, die visionäre Kraft Leonardos zu überschätzen. Ein gutes Beispiel dafür wäre die Vermutung von Charles Gibbs-Smith, nach der es Leonardo mit der Skizze des Wasserläufers darum ging, die militärischen Konsequenzen der technologischen Beherrschung des Wassers aufzuzeigen. Wozu sollen ganze Armeen übers Wasser laufen, wenn doch eine Kriegsmarine zur Verfügung steht, die bereits zu Leonardos Zeit mit Feuerwaffen ausgerüstet ist?

Näher liegt dann doch der Freizeitwert des Wasserlaufens. Danach sieht Leonardos fescher Jüngling auch eher aus, so leicht bekleidet, wie er ist. Als der US-amerikanische Erfinder Ralph Samuelson (1904–1977) gut vierhundert Jahre nach

Wasserläufer[80]

Leonardos Tod zum ersten Mal mit Skiern auf den Lake Pepin in Minnesota geht, hat er jedoch nicht dessen Vision im Kopf. Samuelson ist völlig klar, dass man mit der Gemächlichkeit des übers Wasser staksenden Jünglings im wahrsten Sinne dem Untergang geweiht ist. Man braucht gehörig Speed, um oben zu bleiben. Deshalb lässt er sich von einem Motorboot über den See ziehen. Ein Foto zeigt ihn, wie er im Turneroutfit auf Holzskiern steht. Anstelle der Bindung gibt es nur einen Riemen, sodass es aussieht, als würde er mit Badelatschen fahren. Das aufstiebende Wasser hinter ihm macht die Geschwindigkeit deutlich, mit der Samuelson unterwegs ist. Seine Tollkühnheit kostet ihn jedoch die Karriere als Wasserskiidol. Als er sich schließlich sogar an Sprüngen versucht, verunglückt er und zieht sich eine ernste Wirbelverletzung zu.

Zwischen Leonardos Skizze des Wasserläufers und Samuelsons geglückter Fahrt über den Lake Pepin liegen Welten. Technologische Welten. Leonardo zeigt sich nicht als Prophet eines neuen Zeitalters, in dem Menschen über das Wasser jagen, sondern als Kind seiner Zeit, als Kind der menschlichen Geschwindigkeit. Wie Samuelsons Erfindung schlagend beweist, besteht die Innovation des Wasserskis gerade nicht darin, überdimensionale Schuhe und Stöcke zu entwerfen, wie Leonardo es tat. Es kommt darauf an, den Benzinmotor zu erfinden, der Boote so schnell macht, dass sich angeseilte Menschen mit Skiern an den Füßen über Wasser halten können.

Das Schaufelradboot oder ein trunkenes Schiff mit Getriebeschaden

Ebenfalls im Codex Atlanticus finden sich Skizzen eines Schaufelradboots. Sie entstehen wahrscheinlich zwischen 1487 und 1489. Zu dieser Zeit ist Leonardo in Diensten von Ludovico Sforza in Mailand. Diesem hat er in seinem selbstverfassten Empfehlungsschreiben besonders kriegerische Erfindungen in Aussicht gestellt. Dementsprechend spielen Boote nur eine Rolle, wenn es um deren Zerstörung oder deren Schutz geht, sodass sie »dem Feuer auch der größten Bombarden, dem Pulver und dem Rauch widerstehen«[81].

Mit dem Schaufelradboot betritt Leonardo ein für seine Zeit wichtiges Feld. Denn die Entwicklung von Alternativantrieben zum Segel ist eminent wichtig – nicht zuletzt für die Schifffahrt auf Kanälen und Flüssen. Da es jenseits des Windes jedoch nur die Muskelkraft gibt, um ein Boot in Fahrt zu bringen, geht es darum, diese möglichst effektiv einzusetzen. Ruder sind das geläufige Mittel dazu, welches seit 1200 v. Chr. in der Kriegs- und Handelsschifffahrt Verwendung findet. Von Leonardo ist nun eine Skizze[82] überliefert, in der eine Handkurbel die entscheidende Rolle für den Antrieb spielt. Dabei hilft ein Schwungrad, die Totpunkte der Kurbel zu überwinden.

Technisch anspruchsvoller ist jedoch der Antrieb eines Schaufelradboots mit Pedalen. Anders als bei der Kurbel kann hier die Kraftübertragung nicht auf direktem Weg geleistet werden, da die Auf- und Abbewegung der Pedale in die nötige horizontale Rotation übersetzt werden muss, mit der die Schaufeln in Gang gebracht werden sollen. Dazu nutzt Leonardo einen Riemen, der eine Walze in Bewegung setzt. Die Drehbewegung der Walze wird dann über ein sogenanntes Laternengetriebe (siehe S. 248) auf ein Zahnrad übertragen, das wiederum in ein rechtwinklig dazu stehendes Zahnrad greift. Dieses steht mit der Welle in Verbindung und treibt die daran befestigten Schaufelräder an.

Doch bleiben nach Studium der Skizze mehrere Dinge unklar. Wie leisten die Pedalen letztlich den Antrieb der Walze? Es ist kein Mechanismus zu sehen, mit dem sich die Pedalen in den Riemen einhaken und wieder ausklinken könnten. Das müssten sie aber, um eine kontinuierliche Bewegung zu ermöglichen. Gibt es hingegen einen solchen Mechanismus nicht, müsste der Riemen an der Unterseite der Pedalen starr befestigt sein. In diesem Fall würde die wechselseitige Auf- und Abbewegung der Pedalen die Walze jedoch nicht in eine kontinuierliche Drehung versetzen, sondern wie einen beweglichen Schleifstein hin und her bewegen. Für eine solche Antriebsweise ist der Gesamtmechanismus allerdings nicht konstruiert. Die Zahnräder würden mit jeder Umkehr der Bewegung ebenfalls ihre Richtung wechseln und die Schaufeln ebenso. So könnte das Boot niemals Fahrt aufnehmen.

Doch sollte ein in der Skizze nicht weiter ausgeführter Mechanismus die kontinuierliche Bewegung der Walze durch die Pedalkraft ermöglichen, gibt es noch ein dramatischeres Problem: Wenn sich die Walze beispielsweise im

Uhrzeigersinn bewegt und ihr Drehmoment auf die Zahnräder überträgt, dann bewegen sich beide Räder gegen den Uhrzeigersinn. Das klingt zwar erst einmal harmonisch, würde aber nur funktionieren, wenn die Zahnräder beide auf der gleichen Seite befestigt wären. So läuft das Ganze auf einen Getriebeschaden hinaus. Da die Zahnräder einander gegenüberliegen, versuchen sie nämlich, die Stange, an der die Schaufeln befestigt sind, in die jeweils entgegengesetzte Richtung zu drehen, was zwangsläufig zu einem Crash führen muss.

Dieses Problem veranlasste Mario Taddei und Edoardo Zanon in ihrer computergenerierten Nachbildung des Schaufelradboots dazu, die Stange in der Mitte zu teilen. In ihrer Beschreibung gehen sie denn auch davon aus, dass jeweils nur eines der Schaufelräder durch die Pedalbewegung gleichsam spiegelverkehrt angetrieben wird. Das linke Pedal soll für das rechte Schaufelrad zuständig sein, »danach wird das rechte Pedal auf und nieder getreten, und es wiederholt sich derselbe Vorgang, nunmehr jedoch mit dem linken Schaufelrad«[83]. Die Computergrafiken mit ihren ausgefeilten Details verbreiten eine fast ebenso eindringliche Autorität wie die Skizzen von Leonardo selbst. Doch ist es schwer vorstellbar, dass Leonardo mit Absicht ein Boot konstruiert, dessen Antriebsschaufeln sich nicht parallel, sondern abwechselnd bewegen. Der keinesfalls wünschenswerte Effekt dieses Antriebs wäre, dass Leonardo sehenden Auges auf die Möglichkeit der Geradeausfahrt verzichtet. Wenn erst die linke Schaufel ein paar Umdrehungen macht, befördert sie das Boot nach Steuerbord, möglicherweise sogar bis über neunzig Grad. Die rechte Schaufel reißt danach die Fahrt wieder nach Backbord herum. Doch die eigenwillige Fortbewegung dieses trunkenen Schiffes wäre noch nicht das Ärgste an der Sache. Denn durch den Verzicht auf die Geradeausfahrt müsste es auch eine beträchtliche Zusatzstrecke zurücklegen, um zu einem geplanten Ziel zu gelangen.

Eine solche Irrfahrt hat Leonardo für sein Schaufelradboot ganz sicher nicht im Sinn gehabt. In seiner Skizze finden sich auch keinerlei Indizien für eine Zweiteilung der Welle, auf der die Schaufeln montiert sind. Anders als in den Computergrafiken geht die Stange glatt durch – von einem Schaufelrad zum anderen. Somit muss man konstatieren, dass Leonardo die aus seiner Konstruktion resultierende entgegengesetzte Laufrichtung der Schaufeln einfach nicht auf der Rechnung hat. Auch für die Verbindung von Antriebsriemen und Pedal gibt es augenscheinlich keine Idee. Ebenso wenig für den Mechanismus, der die Pedale bewegt. In der Skizze liegen sie wie zwei unbewegliche Bretter auf Deck.

Die Schaufelräder selbst kann man nicht als Leonardos Erfindung ansehen, da sie bereits im ersten nachchristlichen Jahrhundert auftauchen. Der von Leonardo verehrte römische Architekt Marcus Vitruvius Pollio (84–27 v. Chr. – die Lebensdaten sind umstritten), genannt Vitruv, beschreibt ein Schaufelrad bereits ausführlich in seinen Aufzeichnungen. Leonardo hat sich eingehend mit dem Werk des Vitruv beschäftigt, dem er mit seiner Studie zu den Proportionen des menschlichen Körpers ein Denkmal setzt. In seiner zwischen 1485 und 1490 entstandenen Skizze »Homo vitruvianus« illustriert Leonardo Vitruvs These, nach der die Gestalt

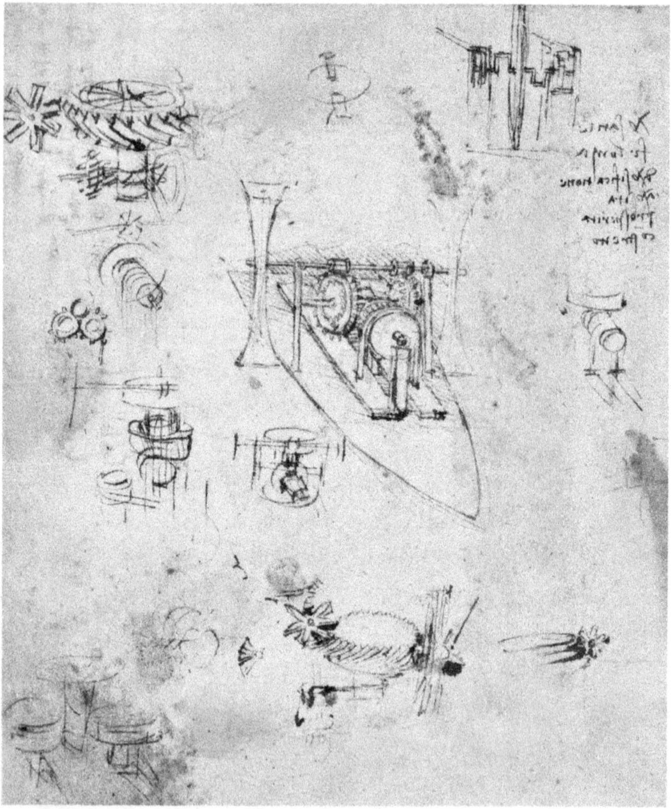

Schaufelradboot[84]

eines Menschen sowohl in ein Quadrat als auch in einen Kreis eingefasst werden kann.

Man darf sich das Schaufelrad beileibe nicht als exklusiven Forschungsgegenstand von Leonardo vorstellen. Allein wegen der Verbesserung der Wassermühlen, die eine der wichtigsten Möglichkeiten darstellt, die Muskelkraft von Tier und Mensch zu schonen und zugleich zu übersteigen, tüfteln die Renaissanceingenieure an Schaufelrädern. Das belegen beispielsweise die Notizbücher des Renaissancekünstlers Francesco di Giorgio Martini (1439–1501), von denen ein Exemplar in Leonardos Bibliothek steht. Darin findet sich auch die Skizze eines Schwimmbaggers mit Schaufelrädern. Leonardo wird um 1513, also zwölf Jahre nach dem Tod Francesco di Giorgios, ebenfalls einen Schwimmbagger zeichnen.[85] Mariano di Jacopo (1381 – um 1452), bekannt als Taccola oder auch als »Archimedes von Sienna«, entwirft ein Schaufelradboot mit Handkurbel bereits ein Jahrhundert vorher. Im Gegensatz zu Taccolas Entwurf verdient Leonardos Schaufelradboot diese Bezeichnung eigentlich gar nicht, da es – anders als Mario Taddei und Edoardo Zanon in ihrer Computeranimation[86] suggerieren – lediglich zwei und nicht sechs Schaufeln hat und das Boot somit nicht von Schaufelrädern, sondern lediglich von senkrecht montierten Paddeln angetrieben wird.

So sollte man sich also auch beim Thema Schaufelradboot in Zurückhaltung üben, wenn es um den Erfinder Leonardo geht. Schaufelräder selbst sind zu seiner Zeit bereits 1300 Jahre bekannt, und der von Leonardo gezeichnete Antrieb kann weder so, wie er von ihm entworfen, noch so, wie er von Mario Taddei und Edoardo Zanon interpretiert wird, funktionieren. Das Schaufelradboot ist nicht mehr als eine hingeworfene Skizze eines hellwachen Geistes und vielseitig interessierten genialen Malers. Dafür sprechen auch die Notizen, die er auf das Blatt kritzelt. Es handelt sich dabei nicht um Anweisungen für die Umsetzung oder Beschreibungen des Wirkmechanismus, sondern um lateinische Vokabeln, die Leonardo besonders in seiner ersten Mailänder Zeit paukt. Mit etwas Geschick lassen sich unter anderem die Wörter »Fellonia«, »Diversificazione« und »Avversità« – Schurkerei, Verschiedenartigkeit und Widerwärtigkeit – dechiffrieren. Die Skizze des Schaufelradboots steht für Leonardo im Rang möglicherweise nicht höher als das stupide Erlernen einer anderen Sprache, auch wenn der Geniekult um ihn so viel mehr daraus machen möchte.

Das U-Boot oder der Mord auf dem Meeresgrund

Die sicherlich bizarrste Blüte treibt der Geniekult mit der Behauptung, Leonardo hätte das Unterseeboot erfunden. Zweifellos interessiert er sich nicht nur für Wellen, Wirbel, Kanäle, Schleusen und Boote, sondern auch für die Welt unter der Wasseroberfläche. Seine Skizze für ein U-Boot kann allerdings beim besten Willen nicht einmal den Anspruch erheben, irgendetwas zum Verständnis oder zur Meisterung der vielgestaltigen Probleme bei der Erkundung der Unterwasserwelt beizutragen. Nicht von ungefähr gibt es im Gegensatz zu den sonstigen vermeintlichen Erfindungen Leonardos auch keine Modelle von seinem Einmanntauchboot. Denn was man da sehen würde, wäre wohl zu dürftig: ein ovales Gebilde, das in der Mitte von einem Pfropfen verschlossen wird. Charles Gibbs-Smith vermutet darin wohlmeinend einen »primitiven Kommandoturm mit verschließbarem Deckel«[87]. Woher er weiß, dass dieses Vehikel »einem kauernden Mann gerade genug Raum bietet«[88], verrät Gibbs-Smith nicht. Möglicherweise aber folgert er dies aus einer zweiten sehr ähnlichen Skizze, die sich in den Handschriften findet, die im sogenannten Codex Windsor zusammengetragen sind. Hier ist der Verschluss geöffnet, und aus dem Inneren des Schiffes streckt sich eine Gestalt bis zum Bauchnabel heraus. Ihre Konturen verschwimmen – vielleicht weil Kleidung und Haare durchnässt sind. Leonardo gibt dem Kapitän unter See direkt auf der Skizze einen Ratschlag: »Bevor du hineingehst und dich einschließt, tu hinaus die Luft und lass wieder Luft an Stelle des Vacuums hinein.«[89] Darüber, wie die Durchlüftung des Innenraums mit nur einer einzigen Öffnung zu bewerkstelligen und wie das Vakuum herzustellen sei, erfährt der wagemutige Insasse nichts. Leonardos wohlmeinender Hinweis, Frischluft einzulassen, wirkt angesichts der Gefahr, in die sich der U-Boot-Führer begibt, geradezu grotesk.

Mit diesem Gerät in See zu stechen, kommt einem Vabanque-Spiel gleich. Wenn die Planken dicht sind und die Konstruktion genügend Auftrieb erzeugt, würde sich das Boot über Wasser halten. Das wäre zwar nicht im Sinne eines Unterseebootes, wohl aber im Interesse des Insassen. Denn ein durch zu hohes Gewicht oder undichte Stellen eingeleiteter Tauchvorgang wäre mangels probater technischer Mittel weder abzubrechen noch umzukehren. Der Pfropfen wäre aufgrund des Wasserdrucks irgendwann von innen nicht mehr zu öffnen. Das zwangsläufige jämmerliche Ersticken des todesmutigen U-Boot-Kommandanten möchte man sich nicht ausmalen.

Auch an anderer Stelle tragen Leonardos geheimnisvollen Kommentare nichts Erhellendes zum Thema bei, eröffnen aber einen Deutungsraum, der zur Interpretation einlädt. »Dass und warum ich meine Art unter Wasser zu bleiben, solange ich ohne Essen auskomme, nicht beschreibe, nicht bekannt mache und nicht verbreite – wegen der Schlechtigkeit der Menschen, die es ausnützen würden, um auf dem

Meeresgrund zu morden, die Böden der Schiffe zu zerstören und diese mit Mann und Maus zu versenken.«[90] Hält hier ein Genie seine Erfindung des Unterseeboots aus moralischen Gründen zurück? Übernimmt er jene Verantwortung, die der Wissenschaft vor und nach ihm abgeht, indem er dem Diktat des Machbaren und der Verführbarkeit durch Ruhm widersteht, solange der Menschheit die Reife für bestimmte Erfindungen fehlt? Legt er gar bewusst eine falsche Fährte? Will er, dass Zeitgenossen und Nachgeborene gar nicht erst auf die Idee kommen, weiter über das Tauchboot nachzusinnen, und sie zusammen mit seiner wenig aussagekräftigen Skizze ad acta legen?

All diese Erwägungen lassen sich mit einer anderen Skizze Leonardos vom Tisch wischen, denn er selbst ist es, der eine Vorrichtung zum Anbohren von Schiffsrümpfen[91] entwirft! Dieses Gerät sieht wie eine überdimensionale Stimmgabel aus, die man von außen auf den Schiffsboden setzt. Dort, wo der Stiel in die Zinken übergeht, wächst eine gewaltige, von einer Winde angetriebene Schraube in Richtung der Planken, um diese zu zerstören und das Schiff zu versenken. Leonardo hat auch gleich das Gegenmittel parat. Auf demselben Blatt, auf das er sein U-Boot skizziert, findet sich der Schnitt durch den Rumpf eines doppelwandigen Schiffes. Leonardo hofft, dass die beiden Wände einen wirksamen Schutz gegen die Bohrschraube darstellen. Doch bleibt zu fragen, warum seine martialische Schraube nicht einfach beide Wände nacheinander durchbohren könnte; von ihrer Länge her dürfte das kein Problem sein. Unter dem Verteidigungsaspekt wäre es ohnehin sinnvoller, die Wände einfach dicker zu konzipieren, damit es die Schrauben schwerer haben, das Holz zu durchdringen. Zumal auch Leonardos Idee des doppelwandigen Schiffsrumpfs nur eingeschränkten Schutz bietet, da ja das Wasser nach Durchbohren der ersten Wand bereits in den Zwischenraum dringen kann und das Schiff dadurch bereits Schlagseite bekommen könnte.

Interessanter ist jedoch, dass Leonardo eigentlich bereits alles beisammengehabt hätte, um ein U-Boot zu erfinden. Getreu seiner Devise, sich bestimmte Wirkmechanismen im Tierreich abzuschauen, studiert er auch Fische, um effizientere Schiffsformen zu finden.[92] Hätte Leonardo sich nicht nur die äußere Form, sondern auch die innere Struktur der Fische so intensiv angeschaut, wie er es mit menschlichen Leichnamen getan hat, wäre ihm sicherlich die Schwimmblase aufgefallen. Die Funktion dieses Organs besteht darin, die Dichte des Organismus derjenigen des Wassers anzupassen, sodass die Fische im Wasser schweben können und nicht ständig Energie verbrauchen müssen, um aufwärtsschwimmend die von ihnen angestrebte Tiefe zu halten. Deswegen bevölkern Fische ohne Schwimmblase auch vorzugsweise den Meeresboden.

Leonardo hätte die evolutionäre Erfindung der Schwimmblase nun nur noch mit seiner Idee der doppelwandigen Schiffe zusammenbringen müssen: Solange sich nämlich Luft im Zwischenraum befindet, schwimmt das Boot. Sobald aber die Zwischenräume mit Wasser geflutet werden, verringert sich der Auftrieb des Boots, und der Tauchgang kann beginnen, vorausgesetzt natürlich, dass es sich um ein geschlossenes Boot handelt. Um wieder aufzutauchen, muss das Wasser wiederum durch Luft ersetzt werden. Nun wäre es lediglich eine Frage der Austarierung der Verhältnisse, um das U-Boot über und unter Wasser zu steuern. Diesen Zusammenhang stellt Leonardo nicht her, und so dauert es noch ein weiteres Jahrhundert, bis der deutsche Naturforscher Magnus Pegel (1547–1619) die theoretischen Grundlagen für das U-Boot findet.

Leonardo kann weder als Erfinder noch als Initiator des U-Bootes gelten. Denn der Traum vom Manövrieren in der Unterwasserwelt reicht bis zu Alexander dem Großen (356–323 v. Chr.) zurück. In einer durchsichtigen Tonne soll er selbst zum Meeresgrund hinabgetaucht sein. Das zumindest wird in einer Handschrift aus dem 13. Jahrhundert behauptet.[93] Alexanders Zeitgenosse Aristoteles (384–322 v. Chr.) denkt bereits über das Prinzip der Taucherglocke nach. Er will luftgefüllte Gefäße mit der Öffnung nach unten ins Wasser lassen, »sodass die Luft nicht entweichen kann. Sie sinken langsam auf den Grund. Man achtet dabei, dass sie senkrecht bleiben«[94]. Im 14. Jahrhundert entwirft der italienische Arzt Guido da Vigevano (1280–1350) ein U-Boot. Auf seiner Skizze kann man mit etwas gutem Willen bereits vier luftgefüllte Fässer erkennen, die möglicherweise den Tauchgang steuern sollten. Der Schriftsteller Roberto Valturio (1405–1475) veröffentlicht in dem ersten gedruckten Buch mit technischen Inhalten im Jahr 1472 Zeichnungen eines Tauchboots mit zwei Kurbeln für den Antrieb. Der Korpus ist rund und reich verziert.[95] Valturio bringt in seinem Buch *De re militari* (Über die Kriegskunst) auch Abbildungen von Taucheranzügen und Schaufelrädern. Insofern findet Leonardo bereits eine reiche Palette an Entwürfen vor, als er um 1515 sein Einmanntauchboot zeichnet.

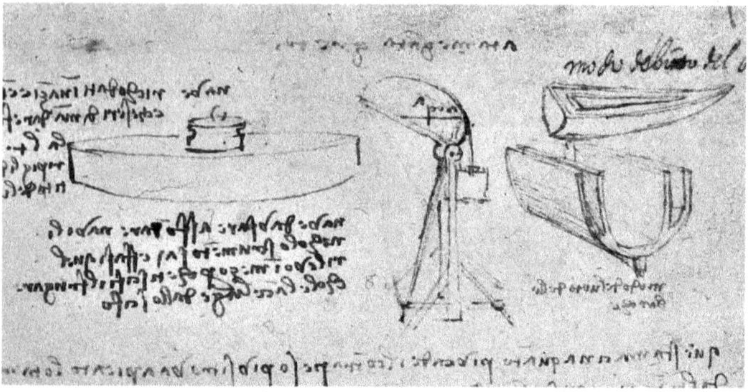

U-Boot (li) und Schiff mit doppelwandigem Bootskörper (re)[96]

Wie viele Schwierigkeiten auf die Erfinder des U-Bootes noch warten, zeigt der erste Probelauf des sogenannten Brandtauchers mehr als dreihundert Jahre nach Leonardos Tod am 1. Februar 1851. Der bayerische Artillerie-Unteroffizier und Erfinder Wilhelm Bauer (1822–1875) ersinnt ein Tauchboot, das in der Lage sein soll, unerkannt Minen an den Schiffen der gegnerischen Flotte anzubringen, um diese schließlich in Brand zu setzen. Mit acht Metern Länge, zwei Metern Breite und knapp vier Metern Höhe bietet der Brandtaucher zwei Personen Platz: dem Steuermann, der das Ruder bedient, und einem möglichst konditionsstarken Bootsjungen, der mit einem mannshohen Tretrad für den Antrieb sorgt. Bauer prognostizierte, dass die am Heck befestigte Archimedesschraube den Brandtaucher »im Schritttempo fortbewegen«[97] würde. Vier Ventile waren an dem an einen Seehund erinnernden Stahlkoloss angebracht. Zwei dienten dem Herauspumpen des Wassers, die anderen zwei dem Wassereinlass. Ein verschiebbares Balanciergewicht von 500 Kilogramm lief auf einer Schiene am Boden, um den Brandtaucher in der Balance zu halten.

Der erste Tauchgang entwickelt sich sogleich zum Desaster. Gemeinsam mit dem Zimmermann und dem Schmied, die den Brandtaucher unter der Anleitung seines Erfinders gebaut hatten, führt Wilhelm Bauer den Praxistest in der Kieler Innenförde durch. Sobald das Fluten beginnt, sammelt sich das Ballastwasser durch eine minimale Schiefstellung im hinteren Teil, und das U-Boot kippt. Vergeblich versuchen die drei Besatzungsmitglieder, die Schieflage mit dem Balanciergewicht auszugleichen. Der Brandtaucher sackt manövrierunfähig bis zum Grund durch. Bauer ist so geistesgegenwärtig, den Druckausgleich durch das einströmende Wasser abzuwarten. Dann öffnet er die Luke, und den drei Insassen gelingt der Ausstieg. Sie tauchen ohne ihr Boot wieder auf und können gerettet werden. Der zurückgelassene Brandtaucher wird erst sechsunddreißig Jahre später bei Hafenbauarbeiten geborgen.

Diese Havarie legt Zeugnis ab von den Schwierigkeiten, die einen unter Wasser erwarten. Mit der grundsätzlichen Beherrschung des Tauchprinzips ist noch nicht viel gewonnen, da innerhalb des Mediums völlig andere Gesetzmäßigkeiten herrschen als auf der Wasseroberfläche. Gemütlich im Schritttempo durchs Wasser tauchen, wie Bauer es vorhatte, ist eine technologische Meisterleistung, die den besonderen Eigenschaften des Elements Rechnung tragen muss, das eine 800-mal höhere Dichte und eine 55-mal stärkere Viskosität aufweist als die Luft, in der wir uns zu bewegen gewohnt sind. Noch das 1906 in die Dienste der kaiserlichen Marine gestellte Unterseeboot U1 krankt an Stabilitätsproblemen. So ist »die Übergabe vom Werftpersonal mit seinen Erfahrungen an die neuen Mannschaften zu vollziehen«[98]. Mit 42 Metern Länge, vier verschiedenen Motoren mit einer Gesamtleistung von 400 PS und einem Gewicht von 240 Tonnen unterscheidet sich das U1 eigentlich in allem vom Brandtaucher. Leonardos Skizze wirkt in diesem Kontext nur noch wie ein Hohn auf die Mühen, die Komplexität der Natur mit technologischen Mitteln zu meistern. Trotzdem gibt es auch beim U1 immer wieder unerwartete Probleme. So erinnert sich der Konteradmiral a. D. Lützow: »Heute wollte das gleichmäßige Fluten des Tauchtanks nicht gelingen, morgen bekam das Boot während der Fahrt Untertrieb, während es planmäßig mit einem geringen Auftrieb fahren sollte, übermorgen nahm es während der Tauchfahrt plötzlich eine Neigung an.«[99]

Im Zweiten Weltkrieg wird das U-Boot *Leonardo da Vinci* das erfolgreichste der italienischen Flotte. Fast doppelt so lang und zehnmal so stark motorisiert wie das U1, wird es mit acht Torpedos an Bord zu einer Gefahr für den zivilen Schiffsverkehr im Atlantik und im Indischen Ozean. Von 1940 an brachte es insgesamt siebzehn Handelsschiffe zum Sinken, bis es schließlich am 23. Mai 1943 von britischen Zerstörern selbst versenkt wurde. Auch wenn das Aushängeschild der italienischen Kriegsmarine Leonardo nicht mehr als seinen Namen verdankt, hat sich der geniale Künstler doch als Prophet erwiesen, als er von der »Schlechtigkeit« der Menschen schrieb, die sie dazu veranlassen würde, auch auf dem Meeresgrund zu morden, sobald sie dort problemlos hingelangen könnten. Seine Sorge, dass sie Schiffe »mit Mann und Maus« versenken würden, sollte sich bewahrheiten. Als die *Leonardo da Vinci* zerstört wurde, gab es keine Überlebenden. So wie bei den meisten geglückten Angriffen des italienischen U-Bootes zuvor.

LUFT

Wie man Vögel befreit und mit Flügeln aus dem Labyrinth entkommt

»Man kann Maschinen konstruieren, mit denen man fliegen kann auf die Weise, dass ein Mensch, der mitten in einem solchen Apparat steht, diesen mittels einer Vorrichtung manövriert, die erlaubt, mit artifiziellen Flügeln die Luft so zu schlagen, wie es die Vögel tun.«[1] Man wird sicherlich geneigt sein, Leonardo diese Vision zuzuschreiben, vorausgesetzt, man hängt der verbreiteten Auffassung an, dieser sei ein Universalgenie, das nicht nur für die Malerei bis heute unübertroffene Maßstäbe gesetzt, sondern außerdem die modernen Wissenschaften angeschoben hat und als Erfinder weit aus seiner Zeit herausragt. Doch die Idee für einen Flugapparat mit stehendem Piloten ist zu Leonardos Geburt bereits zweihundert Jahre alt. Sie stammt von dem englischen Franziskanermönch Roger Bacon (um 1220 – nach 1292), der weiter schreibt: »Man kann auch fliegende Maschinen bauen. Es genügt, dass ein Mann in der Mitte eine Vorrichtung betätigt, die künstliche Flügel gleich denen eines Vogels in schlagartige Bewegungen setzt.«[2]

Der Traum vom Fliegen reicht noch wesentlich weiter zurück. Bereits in der griechischen Mythologie findet sich die Sage vom Technikgenie Dädalus und seinem allzu tollkühnen Sohn Ikarus. Die verschlungenen Wege des Schicksals sehen Dädalus schließlich als Gefangenen in dem von ihm selbst erbauten Labyrinth auf Kreta, das sich als so perfekt konstruiert herausstellt, dass selbst der Erbauer Dädalus den Weg heraus nicht findet. Daraufhin ertüftelt er vier Gestelle. Mithilfe von Wachs befestigt Dädalus Vogelfedern daran und kreiert so die ersten künstlichen Flügel für sich und seinen Sohn. Und es funktioniert! Die Flucht aus dem Labyrinth gelingt. Die beiden steigen mit dem umgeschnallten Federwerk in die Lüfte auf. Ikarus allerdings wird vom Höhenrausch erfasst und fliegt trotz der warnenden Worte seines Vaters immer höher. Als er der Sonne zu nahe kommt, schmilzt das Wachs, die Federn lösen sich von seinen artifiziellen Flügeln, und er fällt in jenen Teil der Ägäis, der ihm zum Gedenken das Ikarische Meer heißt. Und Dädalus? Der ungarische Altphilologe Karl Kerényi (1897–1973) gibt die lakonische Antwort: »Der alte Künstler hat sich gerettet.«[3]

Als Erfinder des Erfinders Dädalus gilt Homer, für dessen tatsächliche Existenz allerdings schlagende Beweise fehlen. So sind auch seine mythischen Erzählungen nicht zweifelsfrei zu datieren, sie müssen allerdings spätestens im achten vorchristlichen Jahrhundert, möglicherweise aber auch bis zu 500 Jahre früher, entstanden sein. Insofern sind die ersten Ideen zum Fliegen des Menschen zu Leonardos Zeit über 2000 Jahre alt.

Wie Homer stützt sich Leonardo bei seinen Überlegungen auf den Vogelflug. Im Notizbuch bezeichnet er sich selbst als »Erforscher der geflügelten Wesen«[4]. Das ist er wohl. Jeder Vogel ist ihm gleich wichtig für seine Untersuchungen, die ihm das Geheimnis der Flugfähigkeit enthüllen sollen. Bei Spatz und Lerche beobachtet er, wie sie

»aus dem Stand in gerader Linie aufwärts[fliegen]«[5]. An den Schwalben fällt ihm als Charakteristikum ein zweifaches Schlagen bei der Flügelbewegung auf, »das heißt, die Hand rudert in Richtung des Schwanzes und der Arm erdwärts«[6]. Die besondere Beschaffenheit der Fledermausflügel hat es ihm ebenfalls angetan. Sie können auch ohne Federn fliegen und werden schließlich eine zentrale Rolle für seine Entwürfe von Flugmaschinen spielen. So ermahnt sich Leonardo selbst: »Vergiss nicht, dass dein Vogel kein anderes Vorbild haben darf als die Fledermaus, weil ihre Membranen einen Rahmen bilden oder besser eine Verbindung zwischen den Rahmenteilen, das heißt den Hauptteilen der Flügel.«[7]

Leonardo nimmt mit dem geschärften Auge des Malers jedes Detail des Vogelflugs wahr. Er hinterfragt, was als selbstverständlich angesehen wird. Um klären zu können, warum Vögel fliegen, ergründet er in allen Einzelheiten, wie sie es tun. Wieder einmal genügt ihm die pauschale Antwort des Mittelalters nicht, wonach der Vogelflug wie alles andere auf der Welt nach Gottes allwissendem Plan abläuft. Leonardo möchte es mit dem erwachenden Selbstbewusstsein des Renaissancemenschen genau wissen, um zu prüfen, ob er sich nicht womöglich selber in die Lüfte erheben könnte.

Angesichts der bewundernswerten Kunstfertigkeit des Vogelflugs ist es für Leonardo schwer nachzuvollziehen, dass seine Zeitgenossen die geflügelten Wesen lieber verspeisen als beobachten. Tatsächlich gelten Singvögel in Italien bis heute als Delikatesse, und Wilderer lassen sich auch von Strafen bis 2000 Euro pro Vogelmord nicht abschrecken.

Zu Leonardos Zeiten ist die Jagd noch legal. Die Märkte reagieren mit einem reichen Angebot auf die kulinarische Nachfrage der Italiener. Der florentinische Maler Vasari berichtet im ersten biografischen Werk über Leonardo da Vinci, dass dieser den gefangenen Tieren im Rahmen seiner finanziellen Möglichkeiten die Freiheit zurückgibt: »Dann nahm er sie mit eigener Hand aus ihrem Käfig, zahlte dem Verkäufer den verlangten Preis und ließ sie fliegen.«[8] In seinem biografischen Roman malt Dmitri Mereschkowski eine solche Szenerie aus. Demnach kauft der bereits gebrechliche Leonardo auf einem Markt in Rom »Elstern, Zeisige, Grasmücken, Tauben, einen Jagdsperber und einen jungen wilden Schwan«. Um die Rechnung begleichen zu können, muss er sich bei seinem jugendlichen Begleiter Francesco sogar noch Geld borgen. Mit Käfigen bepackt ziehen die beiden los und rasten schließlich auf einer Anhöhe, von der aus Leonardo die Vögel fliegen lässt. Er genießt sichtlich, wie sie sich ihrer unerhofften Freiheit erfreuen. Dann öffnet Leonardo den Käfig, den er sich bis zuletzt aufgehoben hat. Der Schwan startet im Licht der Abendsonne. Während er erhaben seine Kreise zieht, steigt in Leonardo unendliche Trauer auf – und Neid: »Francesco fühlte, dass der Meister den Traum seines Lebens beweinte, die Menschenflügel und den ›großen Vogel‹.«[9]

Leonardo nennt seinen geplanten Flugapparat oft den »großen Vogel«. In seinen Notizbüchern verkündet er sogar schon einen Startplatz. Vom Monte Ceceri in Fiesole soll er aufsteigen, »erfüllen wird er die ganze Welt mit Staunen und alle Schriften mit seiner glorreichen Tat, zum ewigen Ruhm des Nestes, wo er geboren ward«[10]. Insofern sind die

Tränen, die Mereschkowski im Roman Leonardo andichtet, nachdem dieser den letzten Käfig geöffnet hat, nur allzu naheliegend. Denn auf Italienisch heißt dieser Platz Schwanenberg. Die Gewissheit, dass sein großer Traum zu Lebzeiten unerfüllt bleiben und er niemals einen künstlichen Vogel am Himmel sehen wird, lässt Leonardo das Herz schwer und die Augen feucht werden.

Geiergöttin und Männerliebe

So innig Leonardos Verhältnis zu allen Vögeln ist, als geradezu intim muss man seine Beziehung zur Gabelweihe bezeichnen. Mit diesem Greifvogel, auch Roter Milan, Königsweihe oder Roter Adler genannt, hat es eine besondere biografische Bewandtnis: »In der ersten Erinnerung aus meiner Kindheit schien es mir, als wäre, während ich in der Wiege lag, eine Gabelweihe zu mir gekommen und hätte mir mit ihrem Schwanz den Mund geöffnet und mich mit diesem Schwanz oftmals innen an die Lippen geschlagen.«[11] Vor der Erfindung der Psychoanalyse erregte diese im Codex Atlanticus überlieferte Notiz wenig Aufmerksamkeit. Freud jedoch entschlüsselt mithilfe der vier Zeilen Charakter und Neigungen Leonardo da Vincis. Nachdem in seiner Nachfolge das Ausschauhalten nach sexuellen Begriffen und Symbolen, durch die sich angeblich die wahren Absichten des Unbewussten artikulieren, mehr als einhundert Jahre lang kultiviert wurde, liest sich die Textstelle sicherlich befremdlicher als zu analytisch unbedarften Zeiten. Allein die enge Verknüpfung von Schwanz und Mund lässt den psychoanalytisch aufgeklärten Leser aufhorchen. Die Formulierung, dass mit dem Schwanz auf die Lippen geschlagen wird, tut ihr Übriges. Das Anzügliche der verwendeten Begriffe geht im Italienischen übrigens sogar noch über das Deutsche hinaus. Das italienische Wort *uccello* bedeutet nicht nur »Vogel«, sondern ist auch eine umgangssprachliche Bezeichnung für das männliche Geschlechtsorgan und (sic!) die weibliche Brustwarze. So nimmt es nicht wunder, wenn der Meister der Deutung verräterischer Entäußerungen des Unbewussten in Leonardos Kindheitserinnerung eine Fellatio entdeckt, »einen sexuellen Akt, bei dem das Glied in den Mund der gebrauchten Person eingeführt wird«[12].

Freud spielt in seiner Abhandlung über Leonardos Kindheitserinnerung virtuos auf seiner psychoanalytischen Klaviatur. In jedem einzelnen Wort schwingt für ihn ein Subcode mit. Nach Freuds Verständnis arbeitet Leonardo das Saugen an der Mutterbrust, das ihm durch die Erwähnung der Wiege weidlich belegt scheint, im Mannesalter zu einer »passiven homosexuellen Fantasie«[13] um. Die Bezeichnung »passiv« nutzt Freud, um denjenigen Geschlechtspartner zu beschreiben, dem beim homosexuellen Liebesspiel die weibliche Rolle zukommt. Nicht weil Frauen seiner Meinung nach passiv in der Missionarsstellung ausharren, bis die Aktivität des Mannes den Höhepunkt bringt, sondern weil es zur Natur der Sache gehört, dass Männer penetrieren und Frauen sich penetrieren lassen.

Die innere Dramatik der durch Freuds Deutung immer feiner ausgeleuchteten Psyche Leonardos ergibt sich jedoch nicht aus dessen Homosexualität, sondern aus seiner Mutterfixierung. Er verdrängt seine erotische Liebe zur Mutter, deren Zärtlichkeit er in den ersten fünf Jahren, die er allein mit ihr verbringt, mutmaßlich ungeteilt und bedingungslos erfährt. Sie hat ihn »zur sexuellen Frühreife emporgeküsst«[14]. Das zeitigt enorme Konsequenzen: Wenn der erwachsene Leonardo nun »als Liebhaber Knaben nachzulaufen scheint, so läuft er in Wirklichkeit vor den anderen Frauen davon, die ihn untreu machen könnten«[15]. Aus seinen Traumdeutungen glaubt Freud nun weiterhin zu wissen, dass der Wunsch, fliegen zu können, »nichts anderes bedeutet als die Sehnsucht, geschlechtlicher Leistungen fähig zu sein«[16].

Leonardos tief empfundene Faszination für das Fliegen führt Freud also letztlich auf das verdrängte sexuelle Begehren nach seiner Mutter zurück. Das Unziemliche muss so tief in Leonardos Seele vergraben sein, dass er in seiner Fantasie sogar das Geschlechtsorgan ummodelt. Denn seine Lippen werden ja in seiner Kindheitserinnerung von einem Schwanz und nicht von einer wie auch immer symbolisierten Vagina bearbeitet. Um zu beweisen, dass es in der sexuellen Fantasie tatsächlich um die Mutter geht, unternimmt Freud einen Ausflug in die Kulturgeschichte. Im Alten Ägypten findet er eine mütterliche Gottheit, die mit einem Geierkopf dargestellt wird. Ihr Name werde sogar »Mut« ausgesprochen: »Ob die Lautähnlichkeit mit unserem Worte ›Mutter‹ nur eine zufällige ist?«[17] Eine rhetorische Frage, die Freud hier stellt, denn in der Psychoanalyse gibt es keine Zufälle! Zumal diese göttlichen Geierinnen auch noch dank himmlischer Kraft keine männlichen Geschlechtspartner brauchen, um sich zu vermehren. Das passt wunderbar, denn genau so stellt sich für Leonardo in seinen ersten fünf Lebensjahren ohne Vater die Szenerie dar. Er und seine göttliche Mutter genügen sich selbst. Leonardo, ein Geierkind der mütterlichen Geiergöttin. Freud unterstellt nun weiterhin, Leonardo habe bei einem »Kirchenvater oder in einem naturwissenschaftlichen Buche«[18] vom Geiermythos gelesen und ihn zur unbewussten Inspiration seiner

Kindheitserinnerung genommen. Das klingt unwahrscheinlich, wäre aber prinzipiell möglich, wobei sich in Leonardos Notizbüchern, in denen er ansonsten alles notiert, was ihm auffällt, kein Hinweis darauf findet.

Die naturgemäß kühne psychoanalytische Interpretation krankt an einem kleinen, aber entscheidenden Detail. Obwohl Freud sogar die Originalpassage der Kindheitserinnerung des Leonardo aus dem Codex Atlanticus auf Italienisch zitiert, bedient er sich bei der Übersetzung jedoch offensichtlich des Romans von Dmitri Sergejewitsch Mereschkowksi, der seit 1903 auf Deutsch vorliegt. Dort wird das italienische Wort *nibbio* mit »Geier« übertragen: »Mir träumte, dass an meine Wiege ein Geier geflogen kam, mir den Mund öffnete …«[19] Die korrekte Übersetzung von *nibbio* aber lautet mitnichten »Geier«, sondern »Gabelweihe«, womit Freuds kulturgeschichtlich so mühsam konstruierte Brücke zur Geiergöttin und Mutter zusammenstürzt.

Trotz dieses kleinen Schönheitsfehlers gelingt es Freud, einige Motive in der Psychobiografie des großen Renaissancekünstlers einzukreisen. Ob nun Geiergöttin oder nicht, seine Mutter Caterina gibt Leonardo die Sicherheit des innig geliebten Kindes mit auf den Weg, aus der heraus sein spielerischer Geist erwächst, der sich unbeeindruckt gegenüber der Autorität von Kirche und Tradition zeigt. Auch neigt Leonardo in Liebesdingen zur Gleichgeschlechtlichkeit. Von Frauengeschichten ist nichts überliefert, Jünglinge hingegen erfreuen Leonardo zutiefst. So nimmt er mit knapp vierzig den zehnjährigen Jacomo auf und notiert über ihn: »diebisch, verlogen, trotzig, gefräßig«[20]. Jacomos ungebärdiges Verhalten bringt ihm rasch den Spitznamen

»Salai«, zu Deutsch »Satan«, ein. Er bestiehlt die anderen Schüler in der Werkstatt Leonardos und sogar den Meister selbst. So nimmt er türkisches Leder zum Anfertigen von Stiefeln an sich und »verkaufte es einem Flickschuster für 20 Soldi, worauf er sich von dem Geld, wie er mir selber gestanden hat, Aniskuchen kaufte«[21]. Doch schickt Leonardo den ungezogenen Jungen fort? Nein, ganz im Gegenteil. Er überhäuft ihn mit Geschenken und kleidet ihn ansehnlich. Allein vierundzwanzig Paar Schuhe hat Leonardo im ersten Jahr seiner Anwesenheit für Salai anfertigen lassen. Dazu einen Mantel, »6 Hemden, 3 Wämse, 4 Hosen, 1 gefütterten Anzug, 1 Barett sowie Gürtel und Schnürsenkel«[22], wie Leonardo feinsäuberlich notiert, nicht ohne den entsprechenden Geldbetrag hinter dem jeweiligen Posten zu vermerken. Auf die Frage, warum Salai von Leonardo verwöhnt und über Jahre ausgehalten wird, gibt der kanadische Kunstgeschichtler Ross King (* 1962) in seiner Biografie eine einfache Antwort: »Salai übte eine starke physische Anziehungskraft auf ihn aus.«[23] King zitiert auch einen vierzig Jahre nach Leonardos Tod von Giovanni Paolo Lomazzo (1538–1600) geschriebenen fiktiven Dialog zwischen Leonardo und dem antiken Bildhauer Phidias, in dem Leonardo von Salai schwärmt. Daraufhin fragt Phidias: »Triebst du mit ihm gar jenes Kehrseitenspiel, das Florentiner so lieben?« Leonardo bejahte das voller Begeisterung: »Und wie oft! Bedenke, dass er ein ungemein schöner junger Mann war, vor allem im Alter von ungefähr fünfzehn.«[24]

Während seiner Zeit in Florenz wird Leonardo auch wegen Sodomie angezeigt, wie damals der gleichgeschlechtliche Sexualverkehr unter Männern bezeichnet wird. Eine

Verurteilung gibt es nicht, womöglich auch, weil Homosexualität zu jener Zeit als eher lässliche Sünde gilt. Zumindest in Florenz. Nicht von ungefähr lautet das damalige Synonym für die geschlechtliche Liebe unter Männern »Florenzer«. Allerdings darf man sich Leonardo nicht als lüsternen homosexuellen Wüstling vorstellen. Jede Form der Ausschweifung ist ihm fremd. Er führt ein bescheidenes, maßvolles Leben. Sogar fleischhaltige Kost lehnt Leonardo ab. Für ihn steht die geistig-künstlerische Auseinandersetzung mit den lebensweltlichen Dingen im Vordergrund. Das ist die Sphäre, in der er es genießt, wenn er sie sich in seiner ganz eigenen Art fantasievoll-wahrnehmend, autodidaktisch-souverän aneignet. Freud liegt sicherlich richtig, wenn er als »Kern und Geheimnis seines Wesens«[25] analysiert, dass es Leonardo »gelungen ist, den größeren Anteil seiner Libido in Forscherdrang zu sublimieren«[26]. Insofern ist es nur konsequent, wenn Leonardo sich schließlich mit dem vornehmen, höflichen und aristokratischen Melzi auch ein »sublimiertes Liebesobjekt«[27] sucht und ihm den Vorzug vor dem ungebärdigen und leidenschaftlichen Salai gibt. Francesco Melzi versteht es zugleich auch, die Zuwendung Leonardos gebührend zu würdigen. Nach dem Tod des Meisters hütet er sein Erbe wie den Heiligen Gral und ehrt ihn durch seine Trauer: »Solange diese meine Gliedmaßen zusammenhalten, werde ich immerfort unglücklich sein, so wie es ihm gebührt, denn Tag für Tag brachte er mir eine innige und heiße Liebe entgegen.«[28]

Übertrieben hingegen scheint die Analyse von Marie Bonaparte (1882–1962). Nach der psychoanalytischen Behandlung durch Freud fand die Urgroßnichte Napoleons so großen Gefallen an dieser Methode, dass sie selbst diese Profession ergriff und den Meister noch toppte. Zumindest im Falle Leonardo, dessen Linkshändigkeit sie untersuchte. Marie Bonaparte kam zu dem Schluss, dass sich der Künstler im Kindesalter der Masturbation enthielt, »und das habe ihn nicht nur zum Linkshänder werden lassen, sondern auch eine extreme Abscheu vor der Sexualität in ihm entstehen lassen«[29].

Warum sich Vögel nicht überschlagen

Den Codex über den Vogelflug darf man sich nicht als die Entfaltung einer systematischen Flugtheorie vorstellen. Es handelt sich um Notizbucheinträge. Leonardo skizziert seine Beobachtungen und kommentiert sie. Man könnte das als Vorstudien zu seinen vier geplanten Büchern über das Fliegen ansehen, allerdings werden sie ebenso wenig entstehen wie die dreißig Bücher über das Wasser. Eine Einteilung gibt es jedoch bereits: Das erste Buch soll das »Fliegen durch Flügelschlagen«[30] beschreiben, das zweite das »Fliegen ohne Flügelschlagen«[31], im dritten soll es um das »gewöhnliche Fliegen«[32] gehen, wobei Leonardo auch Fische, Säugetiere und Insekten abhandeln will. Das vierte schließlich soll die große Vision »vom Fliegen mit einer Maschine«[33] in Wort und Bild entfalten. Entstanden ist jedoch lediglich das schmale Heft »Der Vögel Flug« – so der Titel einer Übersetzung des Codex ins Deutsche – von gerade einmal 38 Seiten. Doch Leonardo benutzt es darüber hinaus zu unterschiedlichsten Zeiten, Zwecken und Anlässen. So erfährt der auf das Thema Fliegen vorbereitete Leser zunächst etwas über die Herstellung von Medaillen, über die Tücken von Waagen, über Hebegeräte und die Bedeutung des »Gewichtsmittelpunkts«[34].

Nachdem Leonardo schließlich auf dem oberen Teil des vierten Blattes noch mit einem imaginären Gegner um geometrische Problemstellungen ringt, tauchen darunter plötzlich die ersten Vogelskizzen auf, und schon auf der folgenden Seite sieht man einen Menschen mit einer Flugmaschine. Genau genommen skizziert Leonardo einen aufrecht stehenden Mann mit leicht zur Seite geneigtem Oberkörper in einem nicht weiter definierten rechteckigen Gestell. Weder Flügel noch Antrieb noch eine Steuerung gehören zur Skizze. Leonardo konzentriert sich auf ein bestimmtes Detail. Aus den Notizen kann man entnehmen, worauf es ihm ankommt: »Der Mensch, der sich in einer Flugmaschine befindet, muss von der Gürtellinie nach oben frei sein, um das Gleichgewicht halten zu können, so wie er es in einem Boot macht.«[35]

Damit klingt ein erstes Motiv seiner Beschäftigung mit dem Fliegen an. Zu welch überraschenden Einsichten Leonardo durch das Denken in Analogien kommt, konnte bereits bei seiner Beschäftigung mit dem Wasser gezeigt werden. Nun dient ihm beim Studium des Fluges und der Eigenschaften der Luft das Wasser als Erkenntnishintergrund. Daher gehorchen Boot und Flugmaschine seiner Ansicht nach denselben Gesetzen des Gleichgewichts. Der Schwerpunkt des Bootes und seines Führers müssen in ein bestimmtes Verhältnis kommen, damit der Gleichgewichtszustand eintritt. Insofern haben Leonardos Notizen über den Gewichtsmittelpunkt auf den ersten Seiten des Codex möglicherweise doch einen Bezug zu seinen Reflexionen über den Flug. Er realisiert, dass der Schwerpunkt des Bootes feststeht und nur der Steuermann – »sobald es nötig wird«[36] – sein Gewicht zu verschieben in der Lage ist. Ein Effekt, den man besonders bei Segelbooten beobachten kann, wenn die angegurteten Insassen ihren Körperschwerpunkt sogar über Bord manövrieren, um das Schiff in der Waage zu halten. Diesen Umstand überträgt Leonardo vom Wasser in die Luft, vom Boot auf das erst einmal nicht weiter beschriebene Fluggerät. Mit seinem Oberkörper soll der Fliegende die Angriffe des Windes austarieren. Diese konkrete Anweisung würde sich sicherlich für einen wagemutigen Flugpionier als nicht sonderlich hilfreich erweisen. Stehend könnte er seinen Körperschwerpunkt nur in geringem Maße verlagern und so allein durch die Bewegung des Oberkörpers kaum etwas gegen die von den Luftströmungen verursachte Unruhe tun.

An dieser Stelle wird Leonardo von der Vorliebe für Analogien in die Irre geleitet. Seine von den Verhältnissen auf dem Wasser inspirierten Erkenntnisse fließen auch in die Beobachtung der Vögel ein, und so macht er das Gewicht für die Steuerung verantwortlich: »Es ist immer der schwere Teil des Körpers, der die Bewegung lenkt.«[37] Leonardo skizziert dann auch ein Instrument zur Ermittlung des Schwerpunkts. Es sieht aus wie ein Galgen. Anstelle eines Delinquenten hängt daran jedoch exakt waagerecht ein vogelähnliches Gebilde mit ausgestreckten Flügeln. Offensichtlich will Leonardo auf diese Weise ermitteln, wo der Gleichgewichtspunkt liegt, um seinen Piloten zu positionieren. Lakonisch notiert er neben der Skizze: »Ohne dieses Instrument wäre die Flugmaschine nicht sehr flugtüchtig.«[38]

Letztlich vermischt sich hier Leonardos scharfe Wahrnehmung mit falschen Voorannahmen. Wäre er nicht vom Boot auf dem Wasser ausgegangen, hätte er sicherlich dem Gewicht im Allgemeinen und dem Masseschwerpunkt im

Besonderen beim Fliegen keine sonderliche Bedeutung beigemessen. Sowohl Gleichgewicht als auch Lenkung sind nicht Sache der Masseverteilung, sondern der Flügelstellung. Das kann man gut studieren, wenn man sich Gleitschirmflieger anschaut. Sie sitzen oder liegen ganz ruhig in der Halterung und steuern die gesamte Bewegung über die mit dem Schirm verbundenen Leinen.

Doch Leonardo wartet trotzdem mit einer originellen Überlegung auf. In vielen kleinen an den Rand der Blätter gedrängten Skizzen zeichnet er immer wieder Flügel, Vögel aus verschiedenen Perspektiven, den Windeinfall auf eine Fläche oder Experimentiervorrichtungen, um den Flug zu untersuchen. Dabei fällt ihm auf, dass der Körper der Vögel immer unterhalb der Flügel sitzt. Leonardo forscht nun dem Sinn dieses biologischen Arrangements nach. In immer neuen Anläufen untersucht er die Flugmanöver. Besonderes Augenmerk richtet er dabei darauf, wie sich ein Vogel bei Seitenwind verhält. Er sieht zwei Varianten. Entweder geht er mit dem getroffenen Flügel unter oder über den Windstoß. Kritisch wird es nach Leonardos Meinung in letzterem Fall. Denn dann dreht sich der Vogel nicht mit dem Kopf, sondern mit dem Schwanz in den Wind, womit die Gefahr des Überschlags lauern würde, »wenn die Natur nicht dafür gesorgt hätte, das Gewicht dieses Vogelkörpers tiefer zu legen als die Stelle, wo sich seine Flügel ausbreiten«[39]. An dieser Notiz sind zumindest zwei Dinge bemerkenswert. Zum einen lässt Leonardo keinen Zweifel daran, dass die Natur für die Konstruktion der Tiere verantwortlich zeichnet. Diese selbstbewusste Entmachtung Gottes, zu der ihn die besonderen frühkindlichen Umstände in seiner Biografie befähigt haben mögen, führt zum zweiten Punkt. Da Leonardo konsequent vom göttlichen Plan abrückt, erschließt sich ihm die Welt aus der Perspektive des forschenden Ingenieurs. In einem sehr modernen Sinn beschreibt Leonardo nicht nur, was er sieht, sondern lässt sich von der Frage leiten, warum die Dinge überhaupt funktionieren, wie sie funktionieren. Warum überschlagen sich Vögel eigentlich nicht? Von der mittelalterlichen Sicht der allumfassenden Vorsehung aus, ist diese Frage unsinnig. Der moderne Naturforscher hingegen setzt bei genau diesem Problem an, wenn er wissen möchte, in welcher Weise die Natur da vorgebaut hat. Leonardo muss nun nur noch mit den grundsätzlich erschließbaren Gesetzmäßigkeiten der Natur statt mit der Unergründlichkeit Gottes ringen. Damit ist das Forschungs- und Entwicklungsprogramm bis in unsere Tage vorgegeben. Der französische Philosoph René Descartes wird hundert Jahre nach Leonardo ganz in diesem Sinne dekretieren, dass die dingliche Welt, die er wegen ihrer räumlichen Ausdehnung *res extensa* nennt, grundsätzlich und vollständig erkannt werden kann. Alles Materielle ist für ihn nach dem Vorbild der Maschine konstruiert. Selbst der menschliche Körper funktioniert für ihn so: »Ich stelle mir vor, dass der Körper nichts anderes sei als eine Maschine aus Erde.«[40]

Tatsächlich scheint der Vergleich von Wasser und Luft für Leonardo eine »besonders liebe Analogie«[41] zu sein, wie es Marianne Schneider ausdrückt, die mehrere Schriften des Renaissancekünstlers übersetzt und herausgegeben hat. So setzt er schließlich sogar die Bewegung des Vogels mit der des Schwimmers gleich. Der Vogel, so meint

Leonardo, bewirke »dasselbe«[42] mit Flügeln und Schwanz wie »der Schwimmer mit Armen und Beinen«[43]. Ausführlich beschreibt Leonardo, wie man im Wasser seine Richtung durch verschieden starke Armbewegungen ändern kann. Diese Ausführung geht zwar an keiner Stelle über das Alltagsverständnis der Schwimmbewegungen hinaus, weist aber den Flügeln und dem Schwanz über den Umweg der Analogie die entscheidende Rolle für die Steuerung des Fluges zu, die er ihnen bei der Erörterung der Masseverteilung schon streitig gemacht hatte. Die mangelnde Stringenz von Leonardos Argumentation ist dem Charakter des Codex über den Vogelflug geschuldet. Es handelt sich um unredigierte Notizbücher. Leonardo benutzt sie, um spontane Beobachtungen und Einsichten festzuhalten. An eine Veröffentlichung seiner Notizen denkt er nicht und sieht sie auch nicht im Hinblick darauf noch einmal durch. Deshalb bleibt er versprochene Beweise und Ausführungen schuldig, wiederholt sich bei verschiedenen Themen und springt immer wieder zwischen der Beschreibung des Vogelflugs und den Konstruktionsideen für eine eigene Flugmaschine hin und her. Man muss Hans Donalies recht geben, der den erst Ende des 19. Jahrhunderts aufgetauchten Codex in der *Deutschen Luftfahrerzeitschrift* von 1912 erstmals dem deutschen Publikum vorstellt, wenn er gleich zu Anfang schreibt, es herrsche in der Schrift »eine geradezu geniale Unordnung der Materien«[44].

Somit korrigiert sich Leonardo auch nicht, wenn er anstatt der Masseverteilung nun Flügel und Schwanz für die Steuerung des Fluges verantwortlich macht, sondern er setzt lediglich noch einmal anders an. Wie viel Zeit zwischen den

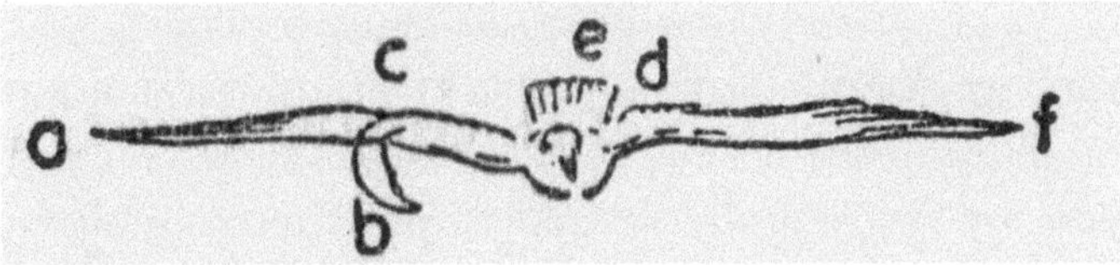

einzelnen Eintragungen in seinem Notizbuch über den Vogelflug vergeht, ist nicht bekannt. Vielleicht sind es Monate oder gar Jahre. Möglicherweise blättert er auch gar nicht zurück, um zu lesen, was er bereits notiert hat. Dafür sprechen einige Dubletten wie beispielsweise die wiederholten Notizen zum Landen des Vogels. »Zurückblättern« würde für Leonardo übrigens nach unserem Verständnis »Vorblättern« bedeuten, da er nicht nur in Spiegelschrift schreibt, sondern sein Notizbuch auch von hinten nach vorne füllt.

Eine der kleinen Skizzen am Rand zeigt einen Vogel, der direkt auf den Leser zufliegt.[45] Obwohl es sich eigentlich nur um eine schematische Darstellung handelt, in der bestimmte Punkte mit Buchstaben markiert sind, gibt Leonardo dem Vogel mit wenigen Strichen auch Kopf, Augen und Schnabel. Das Gesicht wirkt noch im Miniaturformat lebendig. Mit abschätzender Neugier schaut der Vogel den Betrachter an. Die beiden Flügelenden sind mit *a* und *f* bezeichnet, in der Mitte des linken Flügels findet sich ein *c* und ein *b*, am Schwanz ein *e*, und das *d* steht am Ansatz des linken Flügels. Wenn nun der Vogel abdrehen möchte, »dann wird er den Flügel *df* mehr strecken als gewöhnlich und ihn dem Wind mehr aussetzen, während er den entgegengesetzten Flügel *ac* nach *cb* biegen und den Schwanz von *cd* nach *ed* drehen wird«[46]. Auch wenn sich die Markierung *cd* für die ursprüngliche Schwanzhaltung nicht erschließt, sieht man bei der Lektüre von Leonardos Vorgangsbeschreibung den Vogel geradezu nach links aus der Szenerie herausfliegen. Wie oft mag Leonardo den Vögeln bei ihren Manövern zugeschaut haben, bis er ihren Flug mit solch hoher Präzision auflösen konnte? Vielleicht verfügt er über eine spezielle Art des eidetischen Gedächtnisses. Menschen, die mit dieser Art der Erinnerungsfähigkeit gesegnet sind, können sich fotografisch exakt Inhalte merken. Die kompliziertesten Details in Büchern physiologischen, biochemischen oder sonst welchen Inhalts haben sie so präsent vor ihrem geistigen Auge, als läge das Fachbuch tatsächlich aufgeschlagen vor ihnen. Einige der Studien Leonardos wirken wie Momentaufnahmen ein und desselben Flugvorgangs. Insofern erscheint die Vermutung nicht zu weit hergeholt, dass Leonardo nicht nur über ein fotografisches, sondern ein geradezu filmisches Gedächtnis verfügt, in dem die Bewegungen immer wieder vor seinem geistigen Auge ablaufen. An den wichtigen Punkten kann er innehalten und das Geschehen skizzieren.

Das Einziehen des einen und das Ausstrecken des anderen Flügels skizziert Leonardo mehrmals und versieht wiederum einzelne Punkte mit Buchstaben, um Berechnungen und Beschreibungen anzufügen. So unschlagbar Leonardo im Beschreiben und Skizzieren der Vorgänge beim Fliegen auch ist, die Frage, warum sich Vögel eigentlich in die Luft erheben können, weiß er letztlich nicht zu beantworten. Sein unbedingtes Verdienst besteht gleichwohl darin, dass er durch seine gottferne und naturnahe Forscherperspektive eine solche Frage überhaupt zu stellen in der Lage ist. Leonardo versucht, das Phänomen des Aufstiegs durch die

Flügelbewegung des Vogels zu erklären, wodurch »die Luft zwischen seinen Rippen und den Flügelspitzen zusammengedrängt«[47] wird. Diese Komprimierung des Mediums ist seiner Meinung nach der Grund, »der den Vogel, weil die Luft nun dichter geworden ist, in die Höhe treibt«. Damit kommt Leonardo einer Ursache des Vogelflugs zwar nahe, greifen kann er sie allerdings nicht. Denn die Kompression, die sich in der Tat ereignet, ist nur die halbe Wahrheit. Sie könnte allein nicht wirken, wenn nicht der Flügel auf eine bestimmte Weise gebaut wäre. Zwar widmet sich Leonardo immer wieder der Flügelform, doch ihre Binnenstruktur ergründet er nicht. Hierin aber liegt der Schlüssel zum Verständnis des Vogelflugs. Wenn ein Vogel seine Flügel abwärtsschlägt, bilden die Federn eine geschlossene Fläche. Während der Aufwärtsbewegung drehen sich die Federn dann etwas ein, sodass die Luft hindurchströmen kann. Deswegen wird der Vogel beim Aufschlagen nicht heruntergedrückt. So erweist sich der Luftwiderstand der Flügel abwärts größer als aufwärts, und der Vogel wird mit jedem Abschlagen etwas emporgehoben. In der Vogelkunde nennt man diesen Mechanismus sinnigerweise denn auch »Jalousieprinzip«[48].

Leonardo beschäftigt sich wiederholt mit dem Prinzip der Komprimierbarkeit der Luft. Er experimentiert mit einem Luftsack und findet heraus, dass sich der Druck im prall gefüllten Balg gleich verteilt, wenn man ihn mit einem Gewicht belastet. Allerdings nimmt Leonardo noch nicht Otto von Guerickes (1602–1686) tiefe Einsichten in die Natur der Luft und des Vakuums vorweg, die dieser mit seinen spektakulären Experimenten Mitte des 17. Jahrhunderts vor Volk und Kaiser demonstriert. Nachdem er die Luft aus zwei zusammengefügten Halbkugeln abgesaugt hat, vermögen sie nicht einmal sechzehn Pferde auseinanderzuziehen.

Wenn man sich ein skurriles Experiment anschaut, das Leonardo beschreibt, hätte er das Prinzip des Vogelflugs allerdings durchaus erkennen können. Offensichtlich stellt er Versuche mit Krähenflügeln an, um das besondere Geschick der Vögel zu beweisen. Jedenfalls behauptet er: »Die bloße Kraft des Menschen wird den Krähenflügel nie mit solcher Geschwindigkeit bewegen, wie die Krähe ihn bewegt hat, als sie angegriffen wurde.«[49] Indiz dafür ist für Leonardo das laute Flügelrauschen, »denn der Flügel am Menschen wird nie ein so lautes Geräusch erzeugen, wie er erzeugte, als er noch an dem Vogel war«[50]. Schwer vorzustellen, dass der Vogelliebhaber Leonardo Krähen als Versuchstiere hernimmt und ihnen reihenweise die Flügel abhackt, um sie in der Luft auf und nieder zu schwenken. Doch wenn es sich nicht nur um ein Gedankenexperiment handelt, was die Formulierung »als er noch an dem Vogel war« nahelegt, dann hätte Leonardo der unterschiedliche Luftwiderstand während der Flügelbewegung auffallen müssen. Entweder gab es dieses Experiment nie, oder Leonardo war bei dessen Durchführung derart auf das Flügelgeräusch fixiert, dass er sich selbst um erhellende Einsichten zum Vogelflug brachte.

Auch die zweite evolutionäre Maßnahme, die es Vögeln ermöglicht, in die Lüfte aufzusteigen, erschließt sich Leonardo nicht. So leidenschaftlich er auch die Leichen von Mensch und Tier seziert, Vögel scheinen ihm nicht unter Messer und Säge gekommen zu sein. Denn dann hätte er ganz sicher die anatomische Besonderheit der Vogelknochen bemerkt. Sie sind nicht, wie bei den anderen Tierarten, mit Mark gefüllt, sondern hohl und tragen somit zu einem möglichst geringen Gewicht bei. Es ist unmittelbar einsichtig, wie vorteilhaft es sich für das Fliegen ausnimmt, wenn möglichst wenig Masse in die Höhe bewegt werden muss. Auch Marianne Schneider wundert sich in der Einleitung zu ihrer Übersetzung des Codex, wie dem sonst so vielschichtig forschenden Leonardo dieses Detail entgehen konnte: »Eigenartigerweise wusste er nicht, dass die Knochen der Vögel mit Luft gefüllt sind.«[51]

Wie Vögel in die Lüfte steigen und Menschen zu Boden fallen

Leonardo widmet sich noch einer anderen Art des Fliegens, die für seine Entwürfe von Flugmaschinen bedeutungsvoll werden soll. Es handelt sich um den Flug ohne Flügelschlag. Die Hinwendung zu dieser besonderen Form lässt sich auf die Jahre 1503 bis 1506 datieren. Nach den unruhigen Jahren, die auf den Sturz seines Mäzens, des Mailänder Herzogs Ludovico Sforza, im Jahre 1499 folgten, wird Leonardo 1503 erneut in Florenz ansässig. Diese Zeit ist eine der fruchtbarsten in Leonardos schaffensreichem Leben. Bedeutende Gemälde entstehen, Wasserkanäle werden geplant. Leonardo tritt in einen aktiven Wettstreit mit dem mehr als zwanzig Jahre jüngeren, vom Ehrgeiz getriebenen Michelangelo (1475–1564) um den Auftrag für ein Schlachtengemälde im neu errichteten Ratssaal von Florenz. Die eingereichten Entwürfe der epochalen Maler überzeugen die Juroren gleichermaßen, sodass sie beide Bilder verwirklicht sehen wollen. Unglücklicherweise erweist sich Leonardos eigens für die Umsetzung des Bildes der Schlacht von Anghiari erfundene Technik als unbrauchbar, und das Bild bleibt unvollendet. Einmal mehr bricht Leonardo eine begonnene Arbeit ab, was die Stadtväter verärgert: »Er erhielt eine stattliche Summe Geldes und hat lediglich einen kleinen Teil des großen Gemäldes ausgeführt.«[52] Dem Zorn seiner Auftraggeber entzieht sich Leonardo, indem er 1506 erneut nach Mailand übersiedelt.

In seiner zweiten Florentiner Zeit beschäftigt sich Leonardo zudem intensiv mit dem Gleitflug der Vögel. Im Nachhinein könnte man von einem Paradigmenwechsel sprechen: Leonardo lässt die Träume von kraftgetriebenen Flugmaschinen fahren und setzt auf das Gleiten durch die Luft ohne Antrieb, wie er es bei Vögeln beobachtet. Anfangs scheint ihm diese Bewegungsart von untergeordneter Bedeutung, er misst ihr lediglich Erholungscharakter bei, wenn er notiert: »Dieses Sinken, ohne mit den Flügeln zu schlagen, dient ihnen dazu, sich in der Luft auszuruhen, nach der Anstrengung des (…) Flügelschlagens.«[53] Dann aber entdeckt Leonardo etwas Außerordentliches: Vögel sinken nicht zwangsläufig, wenn sie den Flügelschlag einstellen, sondern sie können sogar steigen. In allen Details beschreibt Leonardo dieses Schauspiel, das die Gesetze der Schwere außer Kraft zu setzen scheint, und arbeitet die entscheidende Regel heraus: »Bei solchen Bewegungen steigen die Vögel über dem Wind, schräg gegen diesen gerichtet, und fangen ihn keilförmig unter den Flügeln auf.«[54] Leonardo beobachtet, wie der Wind den Vögeln unter die Flügel fährt und sie anhebt. Trotz seiner unverhohlenen Faszination für den Prozess beschreibt er diesen mit bemerkenswerter Sachlichkeit. Der Vogel nimmt nämlich nicht nur die einmalige Unterstützung an, sondern nutzt die Gelegenheit der Windströmung voll aus, indem er sich in den Wind hineindreht und »in Kreisen aufsteigt«[55]. Auf diese Weise machen sich die Herrscher der Lüfte die Kraft des Windes zunutze. Leonardo begreift dieses Aufsteigen im Gesamtzusammenhang des

Vogelkörpers. Alle Teile wirken mit an dieser zugleich eleganten und hocheffektiven Art und Weise, an Höhe zu gewinnen: »Trifft der Wind ihn unter dem linken Flügel, so streicht dieser Wind dann über den rechten Flügel, und derselbe Wind würde den Vogel umwerfen, wenn der Schwanz nicht da wäre. Diesen biegt er nun plötzlich derart, dass der Wind darüber hinwegstreicht, und dabei bildet er einen Gegenkeil, prallt ab und lässt den Vogel wenden.«[56] Doch Leonardo sieht hier nicht eine bloße Wendebewegung, die sich ja auf gleicher Höhe vollziehen würde, sondern einen Aufstieg gleich den Windungen einer Schraube. Der Vogel lässt den Wind auf seine Brust treffen, bis der rechte Flügel in den Wind dreht. »Dann ist nichts so geeignet und zweckmäßig, um den Wind möglichst gleichmäßig aufzufangen, wie eben das Biegen des Kopfes und Halses gegen die Strömung des Windes.«[57] In einer Zeichnung[58] am Rand des Notizbuches illustriert Leonardo diese Ausführungen sehr plastisch. Zwei Momentaufnahmen zeigen, wie sich der Vogel geradezu in den mit wenigen Strichen zum Leben erweckten Wind hineinschraubt und mit breiter Brust stolz erhobenen Hauptes aufsteigt. Leonardo ergründet minutiös, wie der Vogel den weiteren Aufstieg bewältigt, indem er den rechten Flügel krümmt, und »deshalb kommt der Vogel mit dem rechten Flügel schneller vorwärts als mit dem linken, sodass die Bewegung gekrümmt wird und fortwährend aufwärtsführt, weil er von unten durch den Wind angetrieben wird«[59].

In einer späteren Notiz verwendet Leonardo selbst den Begriff der Schraube, um die Aufwärtsbewegung der Vögel ohne Flügelschlag zu beschreiben, und prognostiziert: »Der Vogel wird hoch aufsteigen, wenn er mit kreisender Bewegung nach Art einer Schraube die Rückprallbewegung gegen den herannahenden Wind und gegen den entfliehenden Wind macht, indem er sich jedes Mal entweder auf die rechte oder die linke Seite wendet.«[60] Das Wort »Rückprallbewegung« mag an dieser Stelle verwundern, besonders da es von Leonardo für eine aktive Handlung des Vogels verwendet wird. Genau genommen erreicht der Vogel seinen Aufstieg gerade dadurch, dass er geschickt den Rückprall vermeidet und ihn dadurch in zusätzlichen Flugantrieb umzuwandeln versteht. Darauf weist auch Marianne Schneider in ihrer Übersetzung des Codex über den Vogelflug hin. Sie hat Leonardos Wendung wörtlich aus dem Italienischen übersetzt, gemeint sei jedoch »ein Aufwärtsschweben«[61].

Mit diesem Aufwärtsschweben entdeckt Leonardo eine wichtige Wirkung, die beim Segelfliegen genutzt wird. Knapp 400 Jahre nachdem Leonardo die Zeichnungen und Kommentare zum Aufstieg der Vögel in sein Notizbuch einträgt, wird Otto Lilienthal (1848–1896) diesen Effekt in seinen Flugexperimenten ausnutzen.

In der Aviatik, der Wissenschaft der Flugkunst, spricht

man vom »thermischen Auftrieb«, wenn es um das von Leonardo beschriebene spiralförmige Aufwärtsschweben geht. Leonardo hat diese Art des Fluges zwar genau beobachtet und dokumentiert, jedoch nicht mit der Thermik zusammengedacht. Für ihn resultierte das Aufwärtsschrauben des Vogels aus der geschickten Bewegung gegen den Wind, getreu seiner Grundeinsicht: »Mit einem Gegenstand gegen die Luft erzeugt man so viel Kraft wie die Luft gegen den Gegenstand.«[62] Ein Vogel gewinnt jedoch ohne Flügeleinsatz an Höhe, weil er in eine wärmere Luftströmung gerät und nicht gegen, sondern mit dieser besonderen Art des Windes fliegt. Thermisch günstig erweisen sich für die Entstehung des thermischen Auftriebs besonders Felsen, aber auch thermisch kontrastreiche Übergänge, wie etwa jener zwischen Wald und Feld. Hier entstehen bei Sonneneinstrahlung mitunter starke Temperaturunterschiede. Die warme Luft steigt dann nach oben und der Vogel, so er es denn versteht, seine Kreise innerhalb der Strömung zu ziehen, mit ihr.

Dasselbe gilt für ein Segelflugzeug. Oft lassen sich die Segelflieger die für diese Flugmanöver günstigen Luftverhältnisse von hoch in der Luft kreisenden Adlern anzeigen. Geübte Piloten können sich mithilfe des thermischen Auftriebs bis zu 5000 Meter in die Höhe schrauben. Im Extremfall geht es sogar noch höher. Der gegenwärtige Weltrekord liegt bei 15 477 Metern, gehalten von dem amerikanischen Unternehmer und passionierten Flieger Steve Fossett (1944–2007) und dem einstigen NASA-Testpiloten Einar Enevoldsen (* 1932).

Obwohl selbst Motorenentwickler setzt Otto Lilienthal

in Fragen der »Fliegekunst« auf den Segelflug, also auf die Kunst, sich ohne zusätzliche Kraft in der Luft zu halten. In mehr als zweitausend Gleitflügen sammelt der wagemutige Wegbereiter der Luftfahrt immer tiefere Einsichten in die Aerodynamik, die ihn ab 1894 zum ersten Flugzeugfabrikanten der Welt machen. Lilienthal stellt den »Normalsegelapparat« her und vertreibt ihn für 500 Mark. Seinen letzten Flug unternimmt er am 9. August 1896. Ein großes Publikum ist in den Rhinower Bergen im nordwestlichen Berliner Umland versammelt, wie stets, wenn Lilienthal seine Flugkünste zeigt. Immerhin ist ihm hier schon einmal ein Gleitflug von stolzen 250 Metern geglückt. Der Wind ist heftig. Sein langjähriger Assistent Paul Beylich (1874–1965) warnt den Segelpiloten, doch der will die Leute nicht enttäuschen. Er stürzt sich mit seinem Fluggerät den Hügel hinunter und steigt unter dem Gejohle der Menge 15 Meter in die Höhe. Doch dann wird sein Gleiter von einer Windböe erfasst. Für eine Schrecksekunde steht er plötzlich still in der Luft und fällt darauf kopfüber zu Boden. Am darauffolgenden Tag erliegt Lilienthal seinen Verletzungen.

Auch von einem Vertrauten Leonardos hält sich hartnäckig die Legende, er sei ebenfalls bei einem Flugversuch verunglückt, habe sich allerdings lediglich einige Rippen gebrochen. Tommaso Masini (1462/66–1520) soll dieser Pilot gewesen sein, ein umtriebiger, »exzentrischer Hansdampf in allen Gassen«[63], der wegen seines Hangs zur schwarzen Magie und Alchemie Zoroastro gerufen wird. Ihn verbindet eine lebenslange Freundschaft mit Leonardo, der den ersten Flug seines Vertrauten in seinem Codex über den Vogelflug notiert haben soll. Auf Wikipedia steht zu lesen: »In jenen

Jahren (1503–1506) führte Tommaso Masini Flugversuche mit einem von Leonardo da Vinci konstruierten Fluggerät durch.«[64] Die englische Version der Online-Enzyklopädie legt sogar nahe, Masini sei 1000 Meter weit geflogen[65]. Diese Episode passt zu gut in das Bild vom Genie Leonardo, da sie zu beweisen scheint, dass seine Flugmaschinen mehr als nur Skizzen am Rande seines Notizhefts sind und sogar zu Prototypen heranreiften. Als Quelle taucht in beiden Fällen der Kunsthistoriker Woldemar von Seidlitz auf und nicht, wie es geboten wäre, die Originalquelle, der Codex über den Vogelflug. Das hat einen einfachen Grund: In Leonardos Notizen gibt es diese Episode nicht. Dementsprechend ist »diese Sage um Zoroastro« auch für den italienische Kunsthistoriker und Leonardo-Forscher Marco Cianchi »nichts als bloße Fantasie«[66]. Doch auch von dem akribisch seine Quellen sichtenden Woldemar von Seidlitz stammt diese Episode nicht. In seiner zweibändigen Abhandlung über Leonardo von 1909 heißt es: »Leonardos jüngerer Zeitgenosse Gerol Cardano schrieb später in seinem Buch *De subtilitate*, auch Leonardo habe Flugversuche angestellt, doch seien die ihm übel bekommen; ein großer Maler dagegen sei er gewesen. Dass Leonardos Gehilfe Zoroastro da Peretola einen Flugversuch gemacht und sich dabei die Rippen gebrochen habe, scheint erst eine Erfindung neuesten Datums zu sein.«[67]

Gleichwohl sinniert Leonardo in seinen Notizen über die Möglichkeit des Absturzes einer von Menschenhand gebauten Flugmaschine. Die erste Gefahr sieht Leonardo darin, dass sein Fluggerät den wirkenden Kräften nicht standhalten könne. Dagegen gibt es nur eine Mittel: »Man wird die Maschine schützen, indem man sie mit der größten Widerstandskraft ausrüstet, für jede Richtung, in die sie sich wenden könnte.«[68] Die gravierendere Bedrohung jedoch besteht für Leonardo in genau jener Stellung der Flugmaschine, die Otto Lilienthal knapp vierhundert Jahre später zum Verhängnis werden sollte: »Zweitens kann es [das Zubodenstürzen] vorkommen, wenn sich die Maschine in die Senkrechte oder beinahe Senkrechte wenden würde.«[69] Dagegen weiß Leonardo eine Gegenmaßnahme, die er präzise ausführt. Er will das Kippen in die Senkrechte bereits durch die Bauweise des Fluggeräts verhindert wissen: »Und das wird man zuwege bringen, indem man den Mittelpunkt ihres eigenen Gewichts senkrecht über den Mittelpunkt des von ihr getragenen Gewichts legt, und beide Mittelpunkte sollen ziemlich weit voneinander entfernt sein.«[70] Unter dem vom Fluggerät getragenen Gewicht versteht Leonardo den Piloten. Dieser soll nach seinen Angaben bei einer Größe der Maschine von 30 braccia (etwa 18 Meter) vier braccia, also 2,40 Meter, hinter dem Massenmittelpunkt des Fluggeräts sitzen. Durch diese Verschiebung will Leonardo die gefährliche Senkrechtstellung verhindern. Dabei sollte sich das schwerere Gewicht unten und das leichtere oben befinden, um die Steuerung zu vereinfachen. »Wenn der Vogel (hier die Flugmaschine) trotzdem mit dem Kopf voraus nach unten fallen wollte, weil ihn ein Teil seiner Neigung hintüberstürzt, so kann das gar nicht geschehen, weil dabei der leichtere Teil unter dem schwereren wäre und der leichtere sich vor dem schwereren nach unten bewegen würde.«[71] Ein eleganter Gedanke, den Leonardo hier notiert. Wenn schwere Gegenstände schneller fallen als leichtere,

so muss die größere Masse immer unten sein. Ergo kann sich die Flugmaschine gar nicht drehen, oder wenn ja, wird sie rasch wieder in die Horizontale kommen. Leonardo übersieht dabei jedoch, dass die beiden Teile – der schwerere und der leichtere – zusammengehören und gegebenenfalls als eine Masse in die Tiefe fallen. Außerdem läuft der künstliche Vogel nicht nur Gefahr, kopfüber, sondern ebenso mit dem Schwanz voraus aus der Horizontalen zu geraten und somit abzustürzen.

Doch auch für den Fall des Absturzes baut Leonardo vor. Er entwirft für den Piloten eine Art Airbag. Die wahrscheinlich aus Schweinsdärmen zu fertigenden Schläuche soll er sich um alle wichtigen Bereiche seines Körpers legen. Auf einer Miniaturskizze sieht man ein Strichmännchen mit luftballonartigen Gebilden an Kopf, Brust, Unterleib, Armen und Beinen[72]. Leonardo schätzt, dass auf diese Weise ein Sturz aus sechs braccia, also knapp vier Metern, Höhe unbeschadet zu überstehen wäre. Eine weitere in seinem Notizbuch direkt darunterliegende Skizze zeigt die an eine Kette erinnernde Feinstruktur der Schläuche, die »wie große Perlen auf einer Rosenkranzschnur aneinandergebunden sein«[73] sollen. Offensichtlich will Leonardo durch die Verflechtung der Schläuche deren Widerstandsfähigkeit im Fall des Aufpralls erhöhen. Dem Testpiloten gibt er die Anweisung: »Wenn du fällst, nimm den doppelten Schlauch, den du unter deinem Arsch hast, und sieh zu, dass du mit dem Schlauch auf dem Boden aufschlägst.«[74]

In dem biografischen Leonardo-Roman von Dmitri Mereschkowksi fliegt Tommaso Masini, alias Zoroastro, tatsächlich. Allerdings nur vom Dach. Auch er schafft es, wie der unglückliche Otto Lilienthal, nicht, sich im Fluge umzuwenden, wie es Leonardo empfiehlt, um mit dem Gesäß zuerst aufzukommen. Von Ochsen- und Schweinsblasen eingehüllt, »um sich nicht zu verletzen, wenn er herunterfiele, rührte er die Flügel und flog im ersten Augenblick auch wirklich auf – ein Windstoß hatte ihn wohl mitgenommen, dann fiel er aber kopfüber herunter und gerade in einen Misthaufen hinein. Er fiel weich, aber alle Blasen platzten sofort«[75].

So ironisch sich diese Passage liest, so schwermütig schildert Mereschkowski eine der vielen Begegnungen Leonardos mit seinem Schmied Astro, der im Roman unerschütterlich an dem »großen Vogel« baut. Allerdings wird er von Leonardo ein ums andere Mal vertröstet, wenn es um die Feuertaufe des ersten Probeflugs geht. Eines Tages hat es Astro satt und fragt seinen Meister geradeheraus, ob sie überhaupt jemals fliegen werden. »Aus diesen Worten klang so viel Angst und Hoffnung, dass Leonardo nicht den Mut fand, die Wahrheit zu sagen.«[76] Die Romanfigur Leonardo weiß, dass es zu seinen Lebzeiten nichts werden wird mit dem ersten Flug eines Menschen. Die tiefe Enttäuschung darüber, die sich schließlich sogar in Tränen manifestiert[77], geht über die reine Fiktion hinaus und gründet durchaus in der Lebenswelt des realen Leonardo. Nachdem er sich

1506 dem Auftrag entzieht, dem neuen Ratssaal von Florenz durch sein Wandgemälde der Anghiarischlacht Glanz und Würde zu geben, steuert Leonardo wohl tatsächlich in eine Lebenskrise hinein. Wieder muss er den Ort wechseln. Sein Leben wird immer unsteter und erscheint ihm möglicherweise als Spiegelbild seines Schaffens. Zu viele Leidenschaften, zu viele Talente, zu viele Interessen kämpfen in ihm um Beachtung. Die in den zurückliegenden drei Jahren intensiver verfolgten Ideen zum künstlichen Flugapparat haben zu nichts als Skizzen und Notizen geführt. Auch die eigens für das Gemälde der Anghiarischlacht entwickelte Maltechnik erweist sich als unbrauchbar. So wie die Farben dem Maler an der Wand heruntertropfen, läuft auch sein Leben Gefahr zu zerfließen. Seine Eltern sind tot, eine eigene Familie hat er nicht, seine Homosexualität kann er nur bedingt leben. Ross King liefert in seiner Biografie eine prägnante Bestandsaufnahme von Leonardos Schaffen im sicher schon damals schwierigen Mannesalter von Mitte fünfzig: »Entwürfe für Brücken, Kanäle, Flugapparate, zahlreiche Gemälde: alles entweder für immer oder für lange Zeit halbfertig auf dem Zeichenbrett oder der Staffelei zurückgelassen.«[78] Eine abgrundtiefe Müdigkeit scheint sich zumindest für Momente seiner zu bemächtigen. Sogar die Forschung verliert für ihn in jenen Jahren an Reiz. Ross King zitiert eine in diesem Zusammenhang aufschlussreiche Stelle aus Leonardos Notizbüchern: »Ich habe genug von der Quadratur des Kreises, und dies ist das Ende des Lichts und der Nacht und des Papiers, auf dem ich gearbeitet habe.«[79]

Bei seinem eingehenden Studium der Vögel fällt Leonardo auch eine kleine Struktur am Flügel auf. Er bezeichnet sie als Flügeldaumen und meint damit den kleinen Knochen, der wie ein Sporn vom Flügelskelett absteht. Leonardo skizziert das Schema eines Flügels und arbeitet den Daumen heraus. Für ihn stellt sich der Flügel als eine Hand dar, was für sich genommen bereits eine erstaunliche Einsicht ist, denn die Flügel entstanden mit hoher Wahrscheinlichkeit bei einer Dinosaurierart. Die Flügel stellen dementsprechend Umbildungen der vorderen Gliedmaßen dar, die sich im Laufe der Entwicklung auf zwei Finger und den Daumen reduziert haben. Dem Daumen misst Leonardo besondere Bedeutung bei der Flugsteuerung bei, zum einen indem dieser Teil »den Vogel gegen die Bewegung des Windes auf der Luft ruhen«[80] lässt. Leonardo stellt sich vor, dass der bewegliche Daumen, der seinerseits Federn trägt, die Gleitfläche des Flügels regulieren kann und den Vogel somit im Schwebeflug zu halten versteht. Das heißt, der Daumen gestattet durch die Veränderung der Tragfläche nur so viel Auftrieb für die ausgebreiteten Flügel, wie nötig ist, um die angestrebte Höhe zu halten.

Eine zweite Steuerungsleistung des Daumens analysiert Leonardo während des Flügelschlags. Der Daumen »senkt sich, wenn sich die Hand senkt, tiefer als die Hand, dergestalt, dass er abschließt und den Abzug der Luft hindert, die durch die Hand zusammengepresst worden ist«[81]. Insofern dient der Flügeldaumen in Leonardos Vorstellung der Fortbewegung, indem er den Luftwiderstand reguliert, je nach der Richtung, die eingeschlagen werden soll. Leonardo denkt wiederum in einer Analogie, wenn er davon spricht, dass der Flügeldaumen »denselben Zweck [erfüllt] wie die Kralle für die Katze, wenn sie auf einen Baum klettert«[82].

Ein nicht unmittelbar eingängiges Bild, da sich die Katze beim Aufstieg tatsächlich an der Rinde festkrallt, was in der Luft wegen der grundsätzlichen Andersartigkeit des Mediums nicht funktionieren kann.

Auf jeden Fall aber legt Leonardo auch beim Flügeldaumen die ihm gemäße Mischung aus untrüglicher Intuition und präziser Beobachtungsgabe an den Tag. Vor seinem geistigen Auge entfaltet sich ein gestisches Geschehen, in dem der Flügeldaumen die zentrale Rolle spielt. Leonardo beobachtet, dass er während des Fluges auch umklappen kann und dann in einer Reihe mit den anderen Fingern steht. Doch auch in diesem Fall nimmt er für Leonardo eine Sonderstellung ein, denn »er teilt mit seiner scharfen Schnauze die Luft und dient als Steuer, das immer wieder die Luft aufschlitzt, bei jeder beliebigen Bewegung des Vogels nach oben oder nach unten«[83]. Seiner Beschreibung dieses Vorgangs merkt man an, wie sich Leonardo bei anderen Medien rückversichert. Wiederholt dient ihm das Wasser als Denkfolie für die Luft, um sich die besondere Funktion des Flügeldaumens zu erklären. Hierbei steht ihm vielleicht die Ruderspitze Pate, die das Wasser »aufschlitzt«, bevor das gesamte Ruder eintaucht. Auch wenn Leonardo das Geheimnis um den später so genannten »Bastardflügel« nicht vollständig aufklären kann, so spricht aus seinem steten Umkreisen dieser besonderen, aber nicht sogleich ins Auge fallenden Struktur sein Naturverständnis. Er ist der festen Überzeugung, dass im Tierreich alles seine Funktion hat. Dieses seinem Wesen nach moderne Denken stimmt 350 Jahre vor Darwin schon einmal auf die Evolutionstheorie ein.

Solange die Frage, warum Vögel so mühelos in den Lüften unterwegs sind, während den Menschen dieses Erlebnis verwehrt bleibt, nicht durch zuverlässig verkehrende Flugzeuge beantwortet ist, geht es in der Aviatik denn auch immer wieder um den Flügeldaumen. Ist er vielleicht das Wunderding, das den Unterschied zwischen den frei fliegenden Vögeln und dem Menschen macht, der ihnen nur sehnsüchtig nachschauen kann? Liegt im Flügeldaumen der entscheidende Mechanismus der Flugfähigkeit verborgen? Hans Donalies, der 1912 den Codex über den Vogelflug auf Deutsch herausgibt, schreibt in seinem Kommentar zu Leonardos Text: »Auf die Rolle, die der Daumen mit der kleinen an ihm sitzenden Federngruppe beim Fliegen spielen könnte, sind die Flugtechniker erst in letzter Zeit wieder aufmerksam geworden.«[84] Donalies nennt in diesem Zusammenhang den französischen Erfinder Étienne-Jules Marey (1830–1904), der mithilfe der von ihm entwickelten Einzelbildfotografie bewiesen hat, was Leonardo bereits ahnte: Der Daumen kann sich unabhängig vom Rest des Flügels bewegen. Auch Ottos Bruder Gustav Lilienthal wird genannt, der in einem Vortrag im Jahr 1911 die Luftfahrtforscher dazu ermunterte, sich den Flügeldaumen näher anzuschauen und »derartige, heute noch dunkle Details genau zu erforschen«[85].

Allerdings ist Leonardo nicht der Erste, dem der Flügeldaumen auffällt. Mehr als zweihundert Jahre vor ihm beschreibt der Stauferkaiser Friedrich II. (1194–1250) in seiner Schrift *Über die Kunst mit Vögeln zu jagen* diese eigentümliche Struktur. Vier harte Federn sieht er »auf jenem kleinen vorderen Knochen sitzen, der, wie man sagt, die Stelle des Daumens vertritt«[86]. Der Vogelkenner Friedrich II. denkt in seiner auch als »Falkenbuch« bekannt gewordenen Schrift bereits über die Funktion des Flügeldaumens nach und misst ihm Bedeutung beim Abwärtsflug zu. Der Falke steuere mit den Daumenfedern die Richtung, sodass er sich »herablenkt, wohin und wie er will«[87]. Leonardo kennt das Falkenbuch sicher nicht, da es erst 1596 erstmals in Druck geht. Bis dahin gibt es nur einige wenige Abschriften, die jedoch in schlecht zugänglichen Archiven aufbewahrt werden. Außerdem verfasste Friedrich II. sein Buch in lateinischer Sprache, die Leonardo nur unzureichend beherrschte.

Der Flügeldaumen brachte letztlich nicht die Lösung des Flugproblems, zumal der den Vögeln nachempfundene Ornithopter mit seinen beweglichen Flügeln von der Aviatik letztlich als Irrweg angesehen und aufgegeben werden sollte. Allerdings behielten Leonardo und Friedrich II. mit ihren Hypothesen über den besonderen Knochen im Flügelskelett recht. Der Daumenflügel übernimmt beim Vogelflug Brems- und Steuerfunktionen und sorgt dafür, »die Luftströmung über dem Flügel so zu beeinflussen, dass sie auch bei einem großen Anstellwinkel nicht abreißt und der Auftrieb erhalten bleibt«[88]. Dieselbe Funktion übernehmen beim Flugzeug die sogenannten Vorflügel. Sie sitzen an der Vorderkante der Tragfläche und werden ausgefahren, sobald die Auftrieb erzeugende Strömung abzureißen droht. Das ist der Fall, wenn das Flugzeug bei der Landung seine Geschwindigkeit reduziert.

Der Aufstieg zum Luftverkehrsmittel Nummer eins sollte dem Aeroplan vorbehalten bleiben, das sich durch seine starren Flügel auszeichnet. Die Grundidee dieser Form des

Fliegens macht Gebrauch von der zweiten Art des Auftriebs. Neben dem thermischen gibt es noch den wesentlich zuverlässiger anwendbaren dynamischen Auftrieb. Dieser Effekt beruht auf der Natur der Luftströmung. Vögel nutzen ihn ebenso wie Flugzeuge. Maßgebend entschlüsselt hat den dynamischen Auftrieb der Schweizer Physiker Daniel Bernoulli (1700–1782): An einem geeigneten Gegenstand, wie etwa einer Tragfläche oder einem Vogelflügel, wird die anströmende Luft nach unten gedrückt. Dazu muss das Flügelprofil eine Asymmetrie aufweisen, etwa auf der Oberseite gewölbt und auf der Unterseite flach sein. Die dergestalt nach unten umgelenkte Luft erzeugt eine Kraft, die den umströmten Gegenstand nach oben drückt. Der dynamische Auftrieb nimmt zu, je mehr Luft nach unten strömt und je schneller sich der Gegenstand bewegt. Eine große Flügelfläche und eine hohe Fluggeschwindigkeit sind also förderlich, um sich durch die Luft zu bewegen.

Leonardo hat den dynamischen Auftrieb zwar nicht entdeckt, aber doch immer wieder umkreist, wenn er die Struktur der Flügel in Beziehung zum Wind setzt und verschiedene Anströmrichtungen untersucht. An einer Stelle seiner Notizen kommt Leonardo den Strömungsgesetzmäßigkeiten des dynamischen Auftriebs erstaunlich nahe. Er malt ein von der realen Vogelgestalt abstrahiertes Flügelprofil und bezeichnet die verschiedenen Stellen seiner Zeichnung mit den Buchstaben *e-f*, *a-b* und *c-d*[89] (wohlgemerkt in Spiegelschrift). Leonardo verfolgt nun, was geschieht, wenn die untere Hälfte des Windes (*abcd*) auf den Flügel trifft. Er notiert: »Der Wind bildet bei der Berührung mit *bd* einen Keil und hebt diese Schulter hoch, und der obere Wind *abef*, der

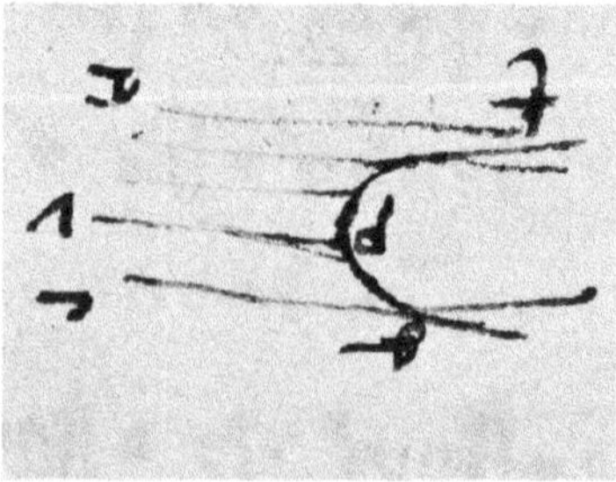

auf die Neigung *bf* trifft, bildet hier einen Keil und drückt den Flügel nach unten.«[90] Hätte Leonardo sein Schema von der Schulter zur vorderen Kante des Flügels verschoben, so wäre ihm möglicherweise die Entdeckung des dynamischen Auftriebs gelungen. Der Weg zur erfolgreichen Flugmaschine hätte sich dann erheblich abgekürzt. So aber muss Leonardo bei seinen Entwürfen auf die für das Fliegen entscheidende Theorie des Auftriebs verzichten.

Der Ornithopter oder warum Schaf, Gans und Hahn noch vor dem Menschen fliegen konnten

In seinen frühen Entwürfen für Flugmaschinen beschäftigt sich Leonardo vor allem mit dem Ornithopter. Mit diesem Apparat versucht er, den Vogelflug nachzuempfinden. Zwei Flügel sind seitlich angebracht und werden vom Piloten auf und nieder geschwungen. Für den Betrieb dieses Schwingenflugzeugs sieht Leonardo ausschließlich Muskelkraft vor. Er findet verschiedene Positionen, aus denen heraus der Flieger sein Fluggerät in Gang setzen soll. Um 1487 entsteht eine Skizze mit einem liegenden Piloten, der offensichtlich nackt aufsteigen soll. Zumindest legen das die prächtigen Muskelstränge der Beine und die ausgeprägte Gesäßritze nahe. Seine Füße stecken in Steigbügeln. Wenn er die Beine durchstreckt, senkt sich das Flügelpaar. Das will Leonardo offensichtlich durch ein über eine Rolle laufendes Seil bewerkstelligen, das auf der einen Seite an dem Steigbügel befestigt ist, während das andere Ende am Flügel zieht. Die weniger aufwendige Aufwärtsbewegung wird wahrscheinlich über einen von Hand zu bedienenden Hebel geleistet. Mit seiner Hilfe werden die Flügel für einen Moment sich selbst überlassen und vom angreifenden Wind nach oben gedrückt. Leonardo zieht jedoch auch die Möglichkeit in Betracht, die Flügel durch Anziehen der

Beine in die Ausgangsstellung zurückzumanövrieren. Das wäre ebenso einfach wie logisch, da die Knie ohnehin für den nächsten Stoß eingeknickt werden müssen. Außerdem scheinen Steigbügel und Flügel über das Seil starr verbunden, sodass dem Piloten letztlich gar keine andere Wahl als die Beinbeugung bleibt.

Leonardos Ornithopter sind im Glauben entworfen, die menschliche Muskelkraft reiche aus, um sie mit geeigneter technischer Unterstützung wie einen Vogel in der Luft zu halten. Diese Überzeugung entfaltet Leonardo in seinen Notizbüchern in einem äußerst eigenwilligen Gedankengang. In dem Bestreben, einen potenziellen Testpiloten zum Flug mit einem Ornithopter zu überreden, geht Leonardo auf die Vorstellung ein, »dass die Sehnen und Muskeln des Vogels von unvergleichlich größerer Kraft sind als die des Menschen«[91]. Der Vogel, erwidert Leonardo seinem fiktiven Dialogpartner, kommt mit einem Drittel seiner Kräfte aus, wenn er normal fliegt. Die restlichen zwei Drittel stehen nach Leonardo als Reserve für Flucht- oder Jagdmanöver zur Verfügung, »wie man bei einem Falken sehen kann, der eine Ente durch die Luft schleppt, und bei einem Adler, der einen Hasen schleppt«[92]. Wenn also verhältnismäßig wenig Energie aufzubringen ist, um den einfachen Flug zu ermöglichen, sollte die des Menschen dafür genügen, zumal er ebenfalls über mehr Kraft verfügt, als er tatsächlich braucht.

Bei der Begründung dieser These gelingt Leonardo die Quadratur des Kreises zumindest auf rhetorischem Gebiet. Seine Beweisführung besticht durch staunenswerte Originalität und lässt dabei doch jegliche Evidenz vermissen. Ein

Mann wird gebeten, auf eine Sandfläche zu treten. Dabei wird geschaut, wie tief seine Füße versinken. Danach gibt man ihm »einen zweiten Mann in die Arme«[93] und registriert, um wie viel tiefer er nun in den Sand einsinkt. Nun wird jener zweite Mann veranlasst so hoch zu springen, wie er kann, und dann auf dem Sand zu landen. Ergebnis: »Du wirst sehen, dass die Spur seiner Füße tiefer unten ist, als sie samt dem Gewicht des zweiten Mannes war.«[94] Leonardo kommt zu folgender Schlussfolgerung: »Also ist auf zweierlei Weise bewiesen, dass der Mensch doppelt so viel Kraft in den Beinen hat, als er braucht, um sich selbst zu tragen.«[95]

Leonardos Überredungskunst fruchtet offensichtlich bei keinem seiner Zeitgenossen, zumal es keinen Prototypen gibt. Woldemar von Seidlitz drückt es treffend aus, wenn er schreibt, ein Flugversuch mit einer der Maschinen von Leonardo »hätte doch nur eine Enttäuschung bereiten können«[96]. Gleichwohl entwirft Leonardo weitere Ornithopter. Einer zeigt den Piloten wiederum liegend, allerdings tritt er offenbar abwechselnd in die Steigbügel. In der ein wenig überfrachteten Skizze, die Ende der Achtzigerjahre des 15. Jahrhunderts entsteht, zeichnen sich zwar wiederum die strammen Oberschenkel- und Gesäßmuskeln des Fliegenden deutlich ab, der Gesamtmechanismus bleibt jedoch unklar. Der englische Luftfahrthistoriker Charles Gibbs-Smith will hier einen »raffinierten Flugapparat mit vier Flügeln« sehen, »bei dem sich auf jeder Seite jeweils der eine hebt und der andere senkt«[97]. Diese Interpretation mag mehr vom luftfahrttechnischen Wissen von Gibbs-Smith als von der Skizze selbst inspiriert sein.

Ein anderer Ornithopter zeigt den Fliegenden schräg vornübergebeugt. Er erinnert ein wenig an einen Jockey beim Pferderennen. Anders als dieser muss er jedoch selbst die Kraft für alle Bewegungen aufbringen. Im Zentrum der Skizze[98] stehen zwei fast mannshohe Scheiben, die von Zahnrädern gesäumt sind. Der Pilot treibt das Gerät an, indem er Zahn für Zahn der unteren Scheibe heruntertritt. Die Kraft überträgt sich auf die obere Scheibe, weil die Zahnräder ineinandergreifen. Gleichzeitig scheint der Flieger »mit den Händen Kurbeln zu bedienen«[99]. Welche Funktion die Schlinge haben soll, die um seinen Hals liegt, bleibt im Dunkeln. Sollte sie tatsächlich mit der Stange verbunden sein, die durch die Bewegung der oberen Scheibe gedreht wird, würde sich der Pilot letztlich selbst strangulieren. Völlig unklar bleibt der Sinn des an eine Stehlampe erinnernden Gegenstands, der über seinem Kopf schwebt, sowie die Verbindung des Antriebs zu den Flügeln. Insgesamt macht der Fliegende einen recht unglücklichen Eindruck, was angesichts der unbequemen Haltung, in die ihn der Flugapparat zwingt, nicht weiter verwundert. Auch ist angesichts der gleichzeitigen Belastung von Armen und Beinen seine baldige Erschöpfung zu erwarten, zumal es sich hier im Gegensatz zu den anderen von Leonardo gezeichneten Piloten um ein eher schmächtiges Männlein handelt.

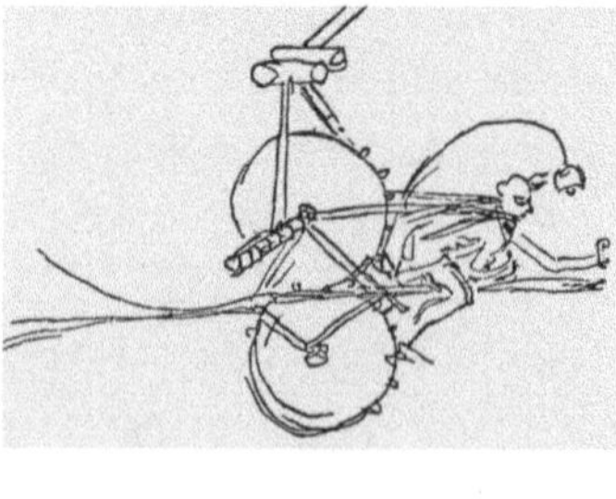

Leonardo geht noch einen Schritt weiter in diese Richtung und entwirft zwischen 1486 und 1490 eine allein durch ihre Komplexität beeindruckende Flugmaschine nach dem Prinzip des Ornithopters. Nun steht der Pilot, denn Leonardo stellt fest, »dass es zweckmäßiger ist, aufrecht [in der Maschine] zu stehen als auf dem Bauch zu liegen; denn dann kann das Gerät keinesfalls umstürzen, und andererseits verlangt das auch die durch den langen Gebrauch [der Gliedmaßen] erworbene Gewohnheit«[100]. Der Antrieb wirkt weitaus durchdachter, wenn auch nicht minder anstrengend für den Fliegenden. Der nämlich steht inmitten von Rollen und Seilen auf zwei Pedalen, die er zu treten hat. Mit den Händen kurbelt er gleichzeitig an einem Rad. Wie genau die Kraftübertragung auf die vier angedeuteten Flügel vonstattengeht, kann der Skizze nicht entnommen werden. Offensichtlich will Leonardo mithilfe von an Seilen laufenden Umlenkrollen ein stetes Auf und Ab erzeugen. Die Flügelpaare sind auf seiner Skizze so mit dieser Bewegung verbunden, dass sie synchron hoch und nieder gehen. Das erreicht Leonardo, indem er den jeweils linken Flügel mit dem rechten durch eine ihrerseits an dem auf und nieder gehenden Seil befestigte Schlaufe verbindet. Bewegt sich das Seil nach oben, schlagen die Flügel ab, geht es nach unten, holen sie neuen Schwung.

Die von Menschenkraft in Gang zu bringende Antriebseinheit setzt Leonardo in eine große Schale, an deren Unterseite eine Leiter und ein gleichhoher Standfuß befestigt sind. Die Leiter dient dem Piloten zum Einstieg in seine Flugmaschine. Doch sie hat auch noch andere Funktionen. Leonardo will seine Flugmaschine insgesamt höher legen, um den Start vom Boden aus zu ermöglichen. »Diese Leitern dienen als Beine, und du kannst die Flügel nach unten schlagen bis zu ihrem Anfang.«[101] Dieses Mal ist die Natur für Leonardo kein Lehrmeister, sondern ein warnendes Beispiel: »Du siehst doch, dass die Schwalbe, die sich auf dem Boden niedergelassen hat, nicht zum Fluge aufsteigen kann, weil sie zu kurze Beine hat.«[102] Die Beine am Flugapparat sollen in Analogie zur Tierwelt noch einen anderen Zweck erfüllen. Durch den hakenartigen Fuß, den Leonardo der Leiter und der Stange gibt, soll der bei der Landung zu erwartende Stoß abgemindert werden, wie bei jemandem, »der auf die Fußspitzen springt; denn dabei wird der Körper nicht so stark erschüttert, als wenn er auf die Fersen springen würde«[103]. Kurioserweise beschränkt sich Leonardo auf die Form des Hakenfußes, um diesen Effekt zu erzielen, und sieht keinen Federmechanismus vor, der die Erschütterung ausschwingen lassen könnte. So bleibt dieses Detail ebenso fragwürdig wie der Schluss, den er aus der Beobachtung der Schwalben zieht. Beides wäre nicht weiter erwähnenswert, wenn der Geniekult um Leonardo die Leiterbeine nicht nutzen würde, um ihrem Objekt eine weitere Verklärung angedeihen zu lassen. Charles Gibbs-Smith adelt die Konstruktion zum »Fahrgestell«[104]. Aber fahren kann Leonardos Ornithopter mit diesen Leitern beim besten Willen nicht. Wahrscheinlich möchte der erste Lindbergh-Professor für Geschichte der Luftfahrt die von ihm immer wieder bemühte vielschichtige Genialität Leonardos unterstreichen, indem er ihn auch noch zum Erfinder des einziehbaren Fahrwerks erklärt. Tatsächlich existiert auch eine Skizze, die eine Platte mit einer Einstiegsluke zeigt. Die Leiter, über die man dorthin gelangt, ist über ein mit einer Winde verbundenes Seil einzuziehen. Allerdings spricht nichts dafür, dass Leonardo tatsächlich ein Fahrwerk vorschwebt, mit dessen Hilfe sein Fluggerät auf die nötige Geschwindigkeit kommt, um abheben zu können. Denn dann hätte er dem »Fahrgestell« keine Hakenfüße, sondern Räder gegeben. Auch will er die Leiter wohl nicht einziehen, um die Flugeigenschaften zu verbessern. Das muss schließlich sogar Gibbs-Smith zugeben, wenn er schreibt, die Konstruktion »deute nicht darauf hin, dass er die Bedeutung der Stromlinienform für das Flugzeug erkannt hatte«[105]. Auch die Fülle mechanischer Teile macht ihm zu schaffen: »Bei dem Gedanken an das Gewicht dieser Flugmaschine vermag der Aerodynamiker nur zu schaudern.«[106]

Zwar empfiehlt Leonardo leichtes Fichtenholz für den Bau, und für die Bespannung der Flügel rät er: »Versuche es zuerst mit Kanzleibögen«[107], doch letztlich bezweifelt Leonardo, dass der Mensch wirklich so viel Kraft aufbringen kann, um mit einem Ornithopter den Vögeln Konkurrenz zu machen. Seine Berechnungen dazu tragen eher den Charakter von Durchhalteparolen, als den einer wissenschaftlichen Expertise. Er notiert, ein Mann könne mit seinen Beinen 300 Pfund (etwa 100 Kilogramm) und mit seinen Armen 200 Pfund Kraft erzeugen. Wie er zu diesen Zahlen kommt, verrät er nicht. Interessant an seiner Rechnung ist denn auch eher das Ergebnis. Leonardo setzt für das Gewicht des Menschen 200 Pfund und für »den Flügel mit Gestell«[108] 150 Pfund an. Wenn der andere Flügel noch einmal 100 Pfund schwer sein sollte, bleibt eine positive Kraftbilanz von 50 Kilogramm zum Fliegen, zumindest solange der Pilot auf Hochtouren strampeln und kurbeln kann. Man merkt der Rechnung deutlich an, dass sie nicht von erhobenen Daten, sondern vom erwünschten Resultat ausgeht.

Leonardo gibt dann einem potenziellen Testpiloten auch einen guten Rat. »Du musst dieses Gerät über einem See erproben und einen langen Schlauch als Gürtel tragen, damit du beim Absturz nicht ertrinkst.«[109] Oder notiert er hier nur eine Erinnerung für sich selbst? Woldemar von Seidlitz mutmaßt, dass Leonardo möglicherweise darauf vertraut habe, »mithilfe seiner bloßen Körperkraft sowohl den Widerstand des Windes besiegen wie sich in die Luft emporschwingen zu können«. Lakonisch fügt der Kunsthistoriker hinzu: »Der Irrtum freilich hätte nur zu rasch zutage treten müssen.«[110]

Bevor Leonardo den Traum vom vogelgleichen Flug mit dem Ornithopter gänzlich aufgibt, denkt er zum Ende des 15. Jahrhunderts noch in eine andere Richtung. Ihm muss klar geworden sein, wie unzureichend die Muskelkraft des Menschen ist, und so skizziert er zwischen 1495 und 1497 ein Schwingenflugzeug mit mechanischem Antrieb. Der sogenannte Bogensehnenmotor, den er neben seine Zeichnung einer Flugmaschine setzt, beruht auf einem einfachen Prinzip. Mithilfe einer Kurbel wird eine Feder gespannt, die dann die dergestalt gespeicherte Kraft über ein Zahnradgetriebe wieder abgibt. Diese Art des Motors ist in manchen Spielzeugautos verbaut, die zuerst entgegen der Fahrtrichtung bewegt werden, um die Feder im Inneren zu spannen. Sobald man sie loslässt, rasen sie mit erheblicher Beschleunigung los. Das Problem eines solchen Antriebs zeigt sich hier ebenfalls bereits im Kleinen. Der mechanische Motor kann keinen kontinuierlichen Antrieb ermöglichen. Gibbs-Smith ist an diesem Punkt unbedingt zu folgen, wenn er sich ausmalt, wie Leonardos Idee in der Praxis aussehen würde.

»Die Vorstellung, dass der Flieger während des Fluges von Zeit zu Zeit den Mechanismus ankurbeln müsste, vermittelt ein faszinierendes Bild der Hoffnungslosigkeit.«[111]

Nicht unerwähnt bleiben soll an dieser Stelle jedoch Leonardos Zeichnung eines mechanischen Flügels. Er sieht erst einmal aus wie eine fein ausgearbeitete Roboterhand mit vier sehr langen, spitz zulaufenden Fingern. Obwohl seine Zeichnung nur einen Flügel zeigt, geht es Leonardo offensichtlich um einen Mechanismus, mit dem ein Flügelpaar synchron geschwungen werden kann. Dazu sind die Flügelarme über Kreuz so in zwei Kanthölzer eingehängt, dass sie beim Treten der Pedale auf und nieder gehen. Gleichzeitig strafft ein Flaschenzug ein an den Gelenken der Flügelhand hängendes Seil. Dadurch bewegen sich während des Flügelschlags die einzelnen Glieder der Hand noch zusätzlich, sodass Leonardo mit seiner Skizze ein durchaus plausibler Vorschlag für die Simulation der Flugbewegungen eines Vogels gelingt. Allerdings bleibt unklar, wie sich die Flügel bei der Aufwärtsbewegung strecken sollen. Hierzu müsste sicherlich ein Federmechanismus in die einzelnen Gelenke eingearbeitet werden, der aus der Skizze so nicht ersichtlich wird. Die von den Direktoren des Leonardo3-Museums, Mario Taddei und Edoardo Zanon, in ihrem computeranimierten Modell vorgeschlagene Lösung, die Flügelfinger aus einzelnen kurzen, mit Bindfäden straff zusammengehaltenen Holzleisten zu bauen[112], würde den benötigten Federeffekt wegen der raschen Materialermüdung sicherlich nur für sehr wenige Flügelschläge gewährleisten können. Auf jeden Fall aber würde die Flugtauglichkeit von Leonardos »großem Vogel« durch seine Konstruktion

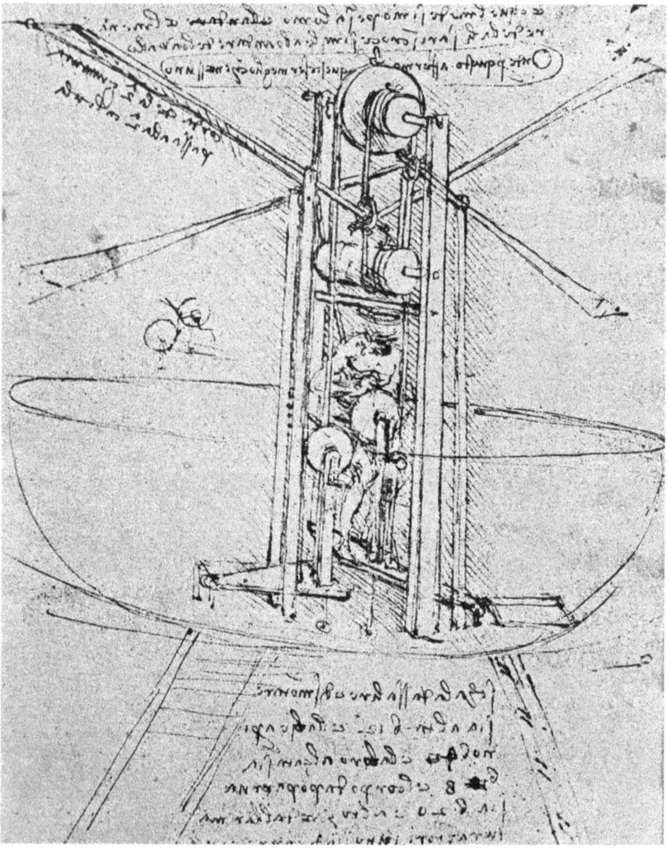

Ornithopter mit Leitern als Einstiegshilfe

beweglicher Flügel eher ab- als zunehmen, da sie zu allererst das Gewicht noch weiter vermehren.

Ohne Leonardos Skizzen gesehen zu haben, verschwenden die nachgeborenen Luftfahrtbesessenen ihre Zeit nicht weiter mit neuerlichen Ornithopterentwürfen, die niemand bauen und schon gar niemand ausprobieren möchte. Die Nachahmung des Vogelflugs gilt bis heute als unerreichbar. Zumal Sir Isaac Newton (1643–1727) mit seinem Gravitationsgesetz zeigt, dass die Anziehungskraft eines Objekts mit seiner Masse wächst. Wie soll da der Mensch gegen die gewaltige Erde eine Chance haben? Also setzt man auf ein gänzlich anderes Prinzip und versucht, das Flugobjekt leichter und leichter zu machen. Nach dem Vorbild der Luft, die sich gleichsam masselos unbeeindruckt von der Gravitationswirkung zeigt. Wenn man ein Flugobjekt bauen könnte, das noch leichter ist als Luft, gibt es nichts und niemanden mehr, der einen auf der Erde festzuhalten vermag.

Die Brüder Joseph Michel (1740–1810) und Jacques Étienne Montgolfier (1745–1799) beobachten eines Tages in ihrem Heimatort Annonay im Südosten Frankreichs, wie ein offenes Feuer Papiertüten ergreift, diese aber nicht verzehrt, sondern in die Höhe steigen lässt. Die beiden Papierfabrikanten sind fasziniert und haben sofort eine Idee. Wenn man einen Ballon baut und die darin befindliche Luft erwärmt, könnte das Objekt vom Boden abheben. Es wird leichter als Luft, selbst wenn noch ein Korb mit Insassen daranhängt. Am 4. Juni 1783 testen sie bereits den ersten unbemannten Ballon. Sie verwenden gewebtes Leinen, das sie mit Papier abdichten. In der Annahme, der Rauch erzeuge den Auftrieb, verfeuern sie Heu und Wolle. Der Flug gelingt. Die Sensation spricht sich herum, und so lädt König Ludwig XVI. (1754–1793), zehn Jahre bevor er auf der Guillotine seinen letzten Atemzug tut, die beiden Flugpioniere zu einem neuerlichen Probeflug ihrer »Montgolfière« nach Versailles ein. Der Mut beziehungsweise das Vertrauen der Brüder in ihre Erfindung reicht nicht aus, um sich selbst in den Korb zu setzen. So bestreiten ein Schaf, eine Gans und ein Hahn, alle drei namenlos, den ersten Flug der Menschheit. Nach drei Kilometern landen sie sicher. Noch im selben Jahr schließen die Menschen zu den Tieren auf. Der Naturforscher Jean-François Pilâtre de Rozier (1754–1785) und der Offizier François d'Arlandes (1742–1809) setzen sich am 21. November 1783 in den Korb unter den zweiundzwanzig Meter hohen und fünfzehn Meter breiten Ballon. »Um 13:54 Uhr erhoben sie sich unter allgemeinem Jubel von der Erde: Der Mensch flog!«[113]

Das Prinzip »leichter als Luft« wird von nun an zum herrschenden Paradigma der Aviatik. Bald schon wird nicht nur mit erhitzter Luft experimentiert. Pilâtre de Rozier macht sich mit einem Luft-Wasserstoff-Gemisch im Ballon von Boulogne-sur-Mer aus auf den Weg Richtung England. Doch kommt er nicht auf der anderen Seite des Ärmelkanals an, denn der Wasserstoff entzündet sich, der Ballon verbrennt in einer Höhe von neunhundert Metern, und der tollkühne erste Mensch in der Atmosphäre lässt sein Leben. Immerhin wird ihm 1991, knapp 400 000 Kilometer von der Erde entfernt, ein Denkmal gesetzt und ein Mondkrater nach ihm benannt. Trotzdem setzt sich neben dem Heißluftballon auch der Gasballon durch, der entweder mit Wasserstoff oder mit Helium gefüllt wird.

Otto Lilienthal kämpft beharrlich gegen das herrschende Dogma, nur ein Objekt leichter als Luft sei zum Fliegen geeignet. Sein in Jugendjahren gebauter Ornithopter kann jedoch den Gegenbeweis nicht erbringen. Erst seine Gleitflugzeuge belehren die Luftfahrergemeinde. Gleichwohl findet der Ornithopter immer wieder Anhänger. Beispielsweise den britisch-australischen Erfinder Lawrence Hargrave (1850–1915). Er experimentiert mit Drachen, die ihn bis zu fünf Meter über dem Boden schweben lassen, und baut verschiedene Ornithoptermodelle. Hargrave vertraut erst gar nicht auf die Muskelkraft des Menschen, sondern will die Antriebsfrage mit einem Motor klären. Zwischen 1887 und 1892 unternimmt er immer wieder neue Anläufe, doch die von ihm selbst gebauten Verbrennungsmotoren können seinen Ornithoptern nicht zum Fliegen verhelfen.

So erweist sich Leonardos Traum vom Menschen, der sich vogelähnlich in die Lüfte schraubt, letztlich nicht als Initialzündung für die Luftfahrttechnik, sondern als eine von vielen folgenlosen Fantasien eines unruhigen Geistes.

Der Gleitflug oder wie die Fliegekunst mit Genickbruch endet

Leonardo steht die Aussichtslosigkeit seines Unterfangens, den Menschen das Fliegen zu ermöglichen, immer deutlicher vor Augen. Der Flugingenieur leistet einen Offenbarungseid, wenn er notiert, »dass diesem Instrument, das für den Menschen zusammengefügt ist, nichts fehlt als eine Vogelseele«[114]. Am Ende soll es also die Seele richten. Da der Mensch ja auch eine habe, müsse er – so Leonardo – die Vogelseele halt nachahmen.

Diese Art trotzigen Mystizismus erlaubt er sich in einem schwachen Moment. Dann aber geht es weiter. Neue Ideen, neue Fantasien, neue Skizzen. Leonardo wendet sich zum Ende des 15. Jahrhunderts vom Ornithopter ab und dem Gleitflug zu. Der Pilot soll nun nicht mehr kurbeln und treten, um den künstlichen Vogel in der Luft zu halten, sondern offensichtlich nur noch stehen und genießen. Zumindest werden ihm in einer Zeichnung[115], die wahrscheinlich zwischen 1497 und 1500 entstanden ist, keinerlei Antriebsaufgaben mehr übertragen. Stattdessen verwendet Leonardo viel Mühe auf die Sicherheit des Fliegers und verpasst ihm einen Anschnallmechanismus, der an heutige Babyschalen für das Auto erinnert. Zwei über die Schultern laufende Gurte vereinigen sich mit einem dritten, der zwischen den Beinen hindurchführt.

Wie nun im Einzelnen der Flug ohne Flügelschlag praktiziert werden soll, ist der Skizze nicht zu entnehmen. Offensichtlich aber schweben Leonardo zumindest starre Innenflügel vor, an denen die äußeren durch Scharniere befestigt sind. Damit vollzieht Leonardo mehr intuitiv als bewusst einen ersten wichtigen Schritt in der Aviatik, dem noch viele folgen müssen, bevor Menschen werden fliegen können. Es handelt sich um die Trennung von Antrieb und Auftrieb. Die Vögel vereinen diese beiden Komponenten des Fluges. Mit den Flügeln gleiten und beschleunigen sie gleichermaßen. Vom Menschen gebaute Flugapparate werden erst Erfolg haben, wenn sie nicht mehr versuchen, diese hochkomplexe evolutionäre Strategie nachzuahmen, sondern das Gleiten den starren Flügeln und den Antrieb den Motoren überlassen.

Leonardo verfügt nicht über einen Motor, der auf kraftvolle Weise den Antrieb leisten könnte. Somit bleibt ihm nur, die andere Komponente eingehender zu untersuchen. Über die Struktur und die Form der Flügel denkt Leonardo viel nach und orientiert sich wie erwähnt am einzigen fliegenden Säugetier. »Vergiss nicht, dass dein Vogel kein anderes Vorbild haben darf als die Fledermaus, weil ihre Membranen einen Rahmen bilden oder besser eine Verbindung zwischen den Rahmenteilen, das heißt den Hauptteilen der Flügel.«[116] Tatsächlich erinnert der in Relationen gewaltige Flügel in seiner Skizze stark an eine Fledermaus. Aus leichtem Fichtenholz will Leonardo die Rippen bauen, und das Äquivalent zu den Membranen der Fledermäuse findet er in gestärktem Stoff. Leonardo hat auch für die weiteren Bestandteile genaue Materialvorstellungen: »Seine Gelenke müssen aus kräftigem Leder und seine Sehnen aus äußerst widerstandsfähiger Rohseide sein.«[117]

Schaut man sich Fotos vom kühn in den Lüften schwebenden Otto Lilienthal an, kann man durchaus zu dem Schluss kommen, er habe Leonardo einiges an Inspiration zu verdanken. Doch bei genauerer Sichtung der Faktenlage ist das eher unwahrscheinlich. Ohnehin scheint Lilienthal keine Inspiration zu benötigen. Von Jugend an ist er geradezu besessen vom Traum, in die Lüfte aufzusteigen. Im Alter von gerade einmal fünfzehn Jahren soll er gemeinsam mit seinem Bruder Gustav (1849–1933) einen Ornithopter gebaut haben, der mit Flügelkraft fliegen sollte. Dieser stark an einen Vogel erinnernde Apparat tut allerdings seinen Dienst ebenso wenig, wie es ein nach Leonardos Skizzen gebautes Modell getan hätte. Doch Lilienthal bleibt hartnäckig. Gemeinsam mit seinem Bruder experimentiert er sein Leben lang. Seine unternehmerische Tätigkeit – er stellt in einem mittelständischen Unternehmen mit eigenem Patent einen Kleinmotor her – lässt ihm allerdings wenig Zeit, seine Erkenntnisse zu systematisieren. Erst als er mit 50 Jahren in den Ruhestand geht, kann er sich ganz dem Fliegen widmen und veröffentlicht das Buch *Der Vogelflug als Grundlage der Fliegekunst*. Darin bezieht er eine klare Gegenposition zu dem damals besonders durch die ersten Erfolge der Luftschiffe prominenten Dogma, dem Menschen sei das Fliegen einzig dadurch möglich, dass er sich mithilfe geeigneter Vorrichtungen »leichter als Luft« mache. Dem widerspricht Otto Lilienthal entschieden: »Wir müssen daher den Schluss ziehen, dass die genaue Nachahmung des Vogelfluges in Bezug auf die aerodynamischen Vorgänge einzig und allein

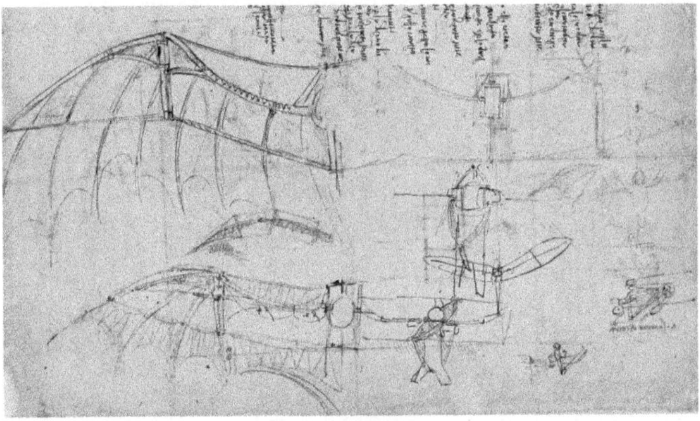

Gleitflieger

für einen rationellen Flug des Menschen verwendet werden kann, weil dieses höchstwahrscheinlich die einzige Methode ist, welche ein freies, schnelles und zugleich wenig Kraft erforderndes Fliegen gestattet.«[118]

Wenn man geneigt ist, dem Geniekult um Leonardo da Vinci Glauben zu schenken, wird man davon ausgehen, dass Otto Lilienthal in seinem Buch auf den Codex über den Vogelflug eingeht und ihm wertvolle Anregungen und richtungsweisende Einsichten konzediert. Doch der Name da Vinci taucht auf keiner der 188 Seiten auf. Diese Tatsache gründet allerdings weder in der Ignoranz Lilienthals noch darin, dass Leonardo nichts zum Thema beizutragen hätte. Otto Lilienthal hatte schlicht und ergreifend keine Kenntnis von Leonardos Überlegungen zum Thema. Das lässt sich sogar mit Sicherheit sagen, wenn man die für Leonardos Schriften nicht untypische Odyssee durch Jahrhunderte, Länder und gesellschaftliche Schichten rekonstruiert, die der Codex über den Vogelflug durchlitten hat.

Als Erbe der Schriften firmiert Franzesco Melzi, der seit seiner Knabenzeit zu Leonardos Schülern gehört und der den Meister auch auf die letzte Lebensstation nach Frankreich begleitet, wo ihm König Franz I. einen auskömmlichen Alterssitz in einem seiner Schlösser im Städtchen Amboise einrichtet. Melzi überführt den Nachlass in seine Villa nach Vaprio in der Nähe von Mailand und wacht mit Argusaugen über diese Schätze. Lediglich dem ersten Leonardo-Biografen Giorgio Vasari gewährt er Einblick. Anders Melzis Nachfahren, die keinerlei Gespür für die Bedeutung der Schriften zeigen. Nach Melzis Tod im Jahre 1559 wird mit Leonardos Notizen zu Wissenschaft, Malerei und den Fragen des

Alltags wahrhaft Schindluder getrieben. Die etwa 20 000 Seiten werden wahllos verkauft, verschenkt, auseinandergeschnitten oder sogar weggeworfen. Bald sind die Manuskripte Leonardos buchstäblich in alle Winde zerstreut. Sie gelangen in viele Teile Italiens, nach Spanien, Frankreich und England. Doch glücklicherweise nutzen nicht nur Spekulanten die Gunst der Stunde, sondern auch echte Kenner wie der Graf Galeazzo Arconati, der alle Manuskripte von Leonardo, derer er habhaft werden kann, 1637 der Mailänder Biblioteca Ambrosiana schenkt. Der Codex über den Vogelflug ist ebenfalls darunter. Allerdings liegt das schmale Heftchen derart versteckt im hundertseitigen Manuskript B, dass es von der Bibliothek in den folgenden anderthalb Jahrhunderten nicht einzeln erfasst wird.

1796 lässt schließlich Napoleon eine Reihe von Leonardo-Manuskripten als Kriegsbeute nach Frankreich mitgehen und ordnet sie der Bibliothek des Instituts de France in Paris zu. Dort endlich entdeckt der Graf Guglielmo Libri (1803–1869) den Codex. Doch damit ist die Geschichte noch lange nicht zu Ende. Denn der Graf, von Hause aus Mathematiker, geht nicht als Wissenschaftler, sondern als Bücherdieb in die Geschichte ein. Dafür hat er die besten Voraussetzungen, verschafft ihm doch seine Stellung als Verantwortlicher für die Erstellung eines Gesamtkatalogs der französischen Bibliotheken Zutritt zu allen Magazinen des Landes. Insgesamt soll der Graf mit dem bezeichnenden Namen über 40 000 Bücher und Manuskripte in seinen Besitz gebracht haben. Teils um sich an ihrem Besitz zu erfreuen, teils um sie zu verkaufen. Mit dem Codex über den Vogelflug treibt er es besonders bunt. Fünf Doppelblätter verkauft er an verschiedene britische Bibliophile, unter anderem an den Earl of Ashburnham, die restlichen Seiten nimmt der gebürtige Italiener in seine Heimat mit. Dort veräußert er sie 1867, zu jener Zeit, als Otto Lilienthal und sein Bruder die ersten Experimente mit künstlichen Flügeln unternehmen, an den Grafen Giacomo Manzoni. Aus dessen Nachlass erwirbt nun der russische Fürst Theodor Sabachnikow den Codex und tut endlich das einzig Richtige, indem er den Text entziffern und 1893 »nebst einer lithographischen Wiedergabe des Originalheftes«[119] in einer italienisch-französischen Ausgabe drucken lässt. Dann schenkt er ihn dem italienischen Königshaus. Das Fehlen der Blätter 1, 2, 10 und 17 wird auch von Hans Donalies beklagt, als er 1912 den Codex erstmals dem deutschsprachigen Publikum zugänglich macht. Diese Blätter tauchen zwar 1895 beim Auktionshaus Christie's auf, finden aber erst 1939 den Weg in eine Buchausgabe.

Für Otto Lilienthal besteht also aufgrund der abenteuerlichen Wege, auf denen das Manuskript durch die Neuzeit wandert, keine Chance, sich von Leonardos Überlegungen zum Vogelflug für seine eigene Schrift zum Thema anregen zu lassen. Auch für seine praktischen Experimente kommt der Abdruck von Leonardos Notizen über das Fliegen zu spät. Äußerst fraglich bleibt zudem, ob Otto Lilienthal etwas mit Ratschlägen wie diesem aus Leonardos Codex hätte anfangen können: »Aber wenn der Vogel mit dem hinteren Teil unter dem Wind ist, gehe mit dem Schwanz über den Wind, und er wird sich wieder aufrichten.«[120]

Für solche und andere Manöver entwirft Leonardo auch noch einen Steuerungsmechanismus, der in der Geschichte der Luftfahrt seinesgleichen sucht. Er taucht nur zwei Mal

in seinen Zeichnungen auf und wird auf Ende der Achtzigerjahre des 15. Jahrhunderts datiert. Zu sehen ist ein Flieger mit einem recht massiven Stirnband, das als Befestigung und Lager einer Stange dient, die an seiner linken Körperseite entlangläuft.[121] In Schulterhöhe zweigt eine zweite Stange parallel zum ausgestreckten Arm ab. Sobald der Pilot nun seine linke Hand bewegt, dreht sich auch die lange Stange, die in zwei vertikale Ruder ausläuft. Über eine weitere Stange ist diese Einheit überdies mit einem horizontal liegenden Ruder verbunden. Offensichtlich schwebt Leonardo hier die Steuerung des Flugapparates durch eine Art Höhen- und Seitenruder vor. Was ihn dazu bewogen haben mag, zur Fixierung der Stange ein Kopfgestell zu verwenden, anstatt sie anderweitig zu verankern, bleibt im Dunkeln. Für den Piloten würde der Flug so zu einer schmerzlichen Angelegenheit. Bei heftigeren Windböen wäre auch ein Genickbruch nicht auszuschließen.

Der Fallschirm oder ein Sprung aus 33000 Metern Höhe

Um 1485 entwirft Leonardo da Vinci einen Fallschirm. Zu einer Zeit, in der bestenfalls im Traum daran zu denken ist, dass Menschen jemals Tausende von Metern über der Erde herumfliegen und sich einige von ihnen aus einer geöffneten Flugzeugklappe stürzen, den freien Fall genießen und dann ihren Fallschirm auslösen, um gemächlich zu Boden zu schweben. Wenn das nicht visionär ist! Zumal der Brite Adrian Nicholas (1962–2005), einer der erfahrensten Fallschirmspringer der Welt, ein halbes Jahrtausend nachdem Leonardo seine Skizze an den Rand seines Notizbuches gekritzelt hat, die zeltartige Konstruktion nach den Angaben des Meisters baut, sich damit in die Lüfte wagt und sanft hinabgleitet. Leonardo hatte also recht, als er notierte, der Mensch wird sich mit seinem Fallschirm »aus jeder noch so großen Höhe herabstürzen können, ohne Schaden zu nehmen«[122].

Allerdings empfiehlt es sich, angesichts dieses scheinbar schlagenden Beweises nicht vorschnell in den vielstimmigen Chor einzufallen, der die universale Genialität Leonardos preist. Vielmehr lohnt es sich, diese Erfolgsgeschichte einmal etwas genauer anzuschauen. Zuerst die Skizze selbst. Hier sticht zunächst ins Auge, wie wenig Sorgfalt Leonardo auf die Ausführung legt. Besonders der Fallschirmspringer sieht nicht wie einer seiner übrigen Helden der Lüfte aus. Wo sich sonst zumeist wohlgeformte muskulöse Schenkel und stramme Hintern in die Atmosphäre winden, hängt nun eine eher an einen stehenden Frosch erinnernde Gestalt an den Seilen des Fallschirms. Die vier Fangleinen sind in der Mitte zusammengeknotet und mit einer Stange verbunden, die in das Zeltdach hineinragt und wahrscheinlich bis an die Spitze reicht. Der Luftfahrtexperte Charles Gibbs-Smith vermutet, dass die Stange dem Schirm Festigkeit geben sollte. Außerdem sei der Flieger »den bei dieser Fallschirmform auftretenden Schwingungen nicht so stark ausgesetzt«[123]. Möglicherweise wird die Stange unter Spannung in die Seile eingehakt und so die Stabilität des Fallschirms sichergestellt. Doch Angaben zum Bau macht Leonardo nicht. Überhaupt schreibt er lediglich zwei Zeilen zu seiner Skizze, aus der gerade einmal die Dimension und das Material des Zeltdachs hervorgehen. Es soll Leinen verwendet werden, »das ohne Zwischenräume ist und 12 braccia pro Fläche misst und 12 braccia hoch ist«[124]. Wenn die Flächen jeweils zwölf braccia, also knapp zehn Meter, messen sollen und die Gesamthöhe ebenfalls zwölf braccia beträgt, kann es nach dem einfachsten Satz der Geometrie keinen Winkel zwischen den vier Seitenflächen und somit auch keine Dachkonstruktion geben. Insofern meint Leonardo mit seinen Maßen eher die Höhe und die Breite des Zeltes. Die Skizze legt diese Form ebenfalls nahe.

Während Leonardo die Perspektive mit leichter Hand gelingt, irritiert die Schraffur im Inneren des Schirms. Sicherlich kann es rein physikalisch einen derartigen Schattenverlauf geben, doch dass die Striche ausgerechnet mit der – vom Betrachter aus – rechten vorderen Leine enden, wirkt von der Komposition her ungeschickt. Da Leonardo keinen tatsächlich existierenden Gegenstand kopiert, sondern einen Entwurf zeichnet, wäre er in der Ausführung frei gewesen. Warum also dann diese sonderbare Schattenkontur? Warum das unfreiwillig komische Froschmännchen? Und warum nur der eine karge Satz zu dieser ein halbes Jahrtausend später als visionär gefeierten Skizze? Die Antwort ist so einfach, dass man sie nicht leicht findet: Für Leonardo hat der Fallschirmspringer den Stellenwert einer Marginalie in seinen Aufzeichnungen. So rasch hingekritzelt, dass die notierten Größenangaben beim Zeichnen schon wieder vergessen sind. zehn Meter soll das Zeltdach hoch sein und zehn Meter in der Breite messen. Wenn man den Fallschirmspringer als normalgroßen Mann der Renaissance mit durchschnittlichen 1,70 Metern ansieht, wäre das Zeltdach, an dem er hängt, maximal zwei Meter hoch. Also gerade ein Fünftel des von ihm eigentlich angegebenen Maßes. Für einen Maler, der ansonsten so große Meisterschaft hinsichtlich der Proportionen und Relationen beweist, ist das eine ziemliche Fehlleistung. Die einzig plausible Erklärung dafür lautet, dass Leonardo den Fallschirm nicht ernst nimmt und die Skizze ebenso wie den beigefügten Kommentar aus einer heiteren Laune heraus hinkritzelt. Dafür spricht auch das Fehlen jeglicher Herleitung seiner Erfindung sowie die Einbettung in einen sinnvollen Kontext, von dem man auch Ideen für die Anwendung des Fluginstruments erwarten würde.

Was Adrian Nicholas dazu treibt, angesichts dieser beiläufig verfertigten Skizze sein Leben zu riskieren, weiß man

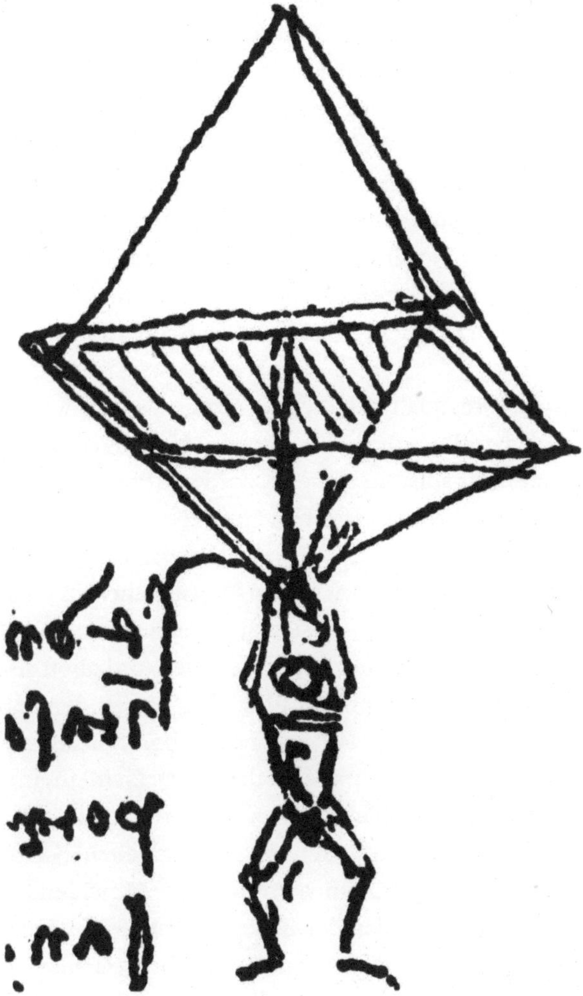

Fallschirm mit Springer[125]

nicht. Allerdings kann er mit 8000 Sprüngen auf ein enormes Erfahrungspotenzial zurückgreifen, als er den Plan verfolgt, Leonardos Entwurf zum Leben zu erwecken. Ihn reizt es, den Fallschirm genau so herzustellen, wie es zu Leonardos Zeiten möglich gewesen wäre. So baut er einen Holzrahmen mit den im Notizbuch angegebenen Maßen, lässt die Seitenflächen des Zeltdaches mit Leinen bespannen und befestigt die vier Seile. Als einziges nicht zeitgemäßes Hilfsmittel verwendet er stabiles Klebeband, mit dem er die Ecken des Renaissance-Fallschirms noch einmal verstärkt.

Als Nächstes stellt sich die Frage, wie das gewaltige, zehn Meter hohe Ungetüm zum Einsatz zu bringen ist. Einen Ausklappmechanismus sieht Leonardo nicht vor, so wie er ja auch auf sämtliche praktischen Hinweise für den Gebrauch eines Apparats verzichtet, an dessen Realisierung er sowieso nicht ernsthaft glaubt. Aus einem Flugzeug heraus kann der Prototyp jedenfalls nicht gestartet werden. Adrian Nicholas entscheidet sich schließlich für einen Heißluftballon als Träger. In Südafrika, wo er den Probeflug wegen der stabilen Thermik durchführt, lässt er einen Ballon aufsteigen und koppelt die Fallschirmspitze an den Korb. Gemeinsam steigen die beiden Flugobjekte auf 3500 Meter. Nun lässt Nicholas den Heißluftballon sinken, bis sich die Leinwände seines Fallschirms blähen. Dann kommt der entscheidende Moment. Nicholas gibt das Zeichen zum Abkoppeln. Der Fallschirm wird ausgeklinkt – und er schwebt tatsächlich in der Luft. Knapp 3000 Höhenmeter lässt sich Nicholas mit Leonardos Fluggerät sinken, bevor er es seinem Schicksal überlässt und mithilfe eines modernen Fallschirms den Sprung beendet. Das hat zwei Gründe. Zum einen will sich Nicholas nicht der Gefahr aussetzen, bei der Landung von dem 85 Kilogramm schweren Apparat erschlagen zu werden. Auf die nach Leonardos Skizze wie ein Damoklesschwert direkt über seinem Haupt schwebende Mittelstange hat er aus Sicherheitsgründen ohnehin bereits verzichtet. Außerdem erzeugt Leonardos Fallschirm nicht so viel Luftwiderstand wie ein gewöhnlicher, der mit etwa fünf Metern pro Sekunde zur Erde fällt. Durch den Einsatz der Steuerleinen kann der Springer das Profil eines heutigen Fallschirms so verändern, dass er sogar Auftrieb erzeugt und in die Schwebe gebracht werden kann, womit eine weiche Landung garantiert ist. Das von Nicholas benutzte Modell hingegen sinkt mit etwa zehn Metern pro Sekunde. Ein Aufprall auf der Erde mit dieser Geschwindigkeit ist nicht empfehlenswert, entspricht er doch laut den Gesetzen der Schwerkraft auf der Erde einem freien Fall aus 9,81 Meter Höhe. Insofern stimmt Leonardos Bemerkung neben der Skizze seines Fallschirms doch nicht ganz. Zwar kann man sich mit diesem Gerät »aus jeder noch so großen Höhe herabstürzen«[126], da der Fall stark abgebremst wird, aber das Versprechen, dass der Springer keinen Schaden dabei nimmt, scheint dann doch ein wenig kühn.

Leonardos Skizze kann sicherlich nicht den Anspruch erheben, eine Erfindung vorwegzunehmen, die noch Jahrhunderte auf sich warten lässt. Dazu fehlt es ihr an technologischer Ernsthaftigkeit, dem Auffächern eines theoretischen Hintergrunds und natürlich an einem Prototypen. Leonardo notiert den Einfall, ohne selbst viel Aufhebens darum zu machen. Mit keiner Silbe preist er sich selbst als

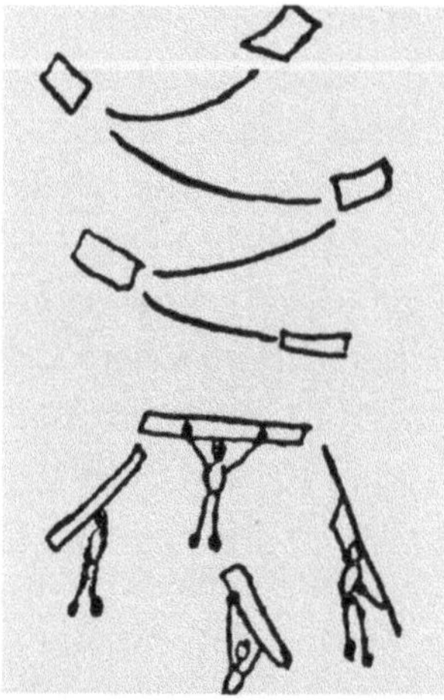

Erfinder eines Fallschirms an oder versucht, Zeitgenossen zu überreden, so einen Apparat zu bauen und sich damit in die Lüfte zu begeben. Die Skizze steht neben vielen anderen Miniaturen aus Leonardos Feder. Wer darin mehr als eine flüchtige Randnotiz sehen möchte, muss zugleich die Augen vor ähnlichen Skizzen verschließen. Etwa dem Flieger, der mit einem Papierbogen nach Art eines fallenden Blattes im Herbst zur Erde sinkt.[127] Es wird kein Erstaunen auslösen, dass sich in dem halben Jahrtausend, die seit dieser Skizze vergangen sind, niemand findet, der Leonardos Fluganweisungen folgt: »Dieser Mann wird sich zur rechten Seite hin bewegen, wenn er den rechten Arm beugt und den linken Arm streckt, und er wird sich dann von rechts nach links bewegen, wenn er die Streckung der Arme wechselt.«[128] Angesichts der offenkundig fehlenden praktischen Relevanz müssen sich die Protagonisten des Geniekultes schon einiges einfallen lassen, um auch in dieser belanglosen Skizze eine große Vision zu entdecken. Tatsächlich scheut ausgerechnet der Luftfahrtexperte Charles Gibbs-Smith nicht davor zurück. Über den mithilfe des Papierbogens schwebenden Mann schreibt er allen Ernstes: »Das sind die Anfänge des gesteuerten Gleitfluges, kaum zehn Jahre vor dem Tode dieses außerordentlichen Mannes niedergeschrieben und illustriert.«[129]

Die Idee, nach Art eines Blattes langsam zu Boden zu schweben, hat Leonardo sicherlich exklusiv. Skizzen von Fallschirmen finden sich dagegen bereits in der Renaissance. So zeigt ein anonym gebliebener Autor in seiner Schrift einen konisch zulaufenden Fallschirm, der sich über einem Stangenkreuz spannt. Ein gut gekleideter Mann hängt an der Mittelstrebe des Fluginstruments und schwebt durch die Lüfte. Zumindest legen das seine wehenden Rockschöße nahe. Zusätzlich wird der Fallschirmspringer durch einen Bauchgurt gesichert. Die im British Museum liegende Schrift stammt ursprünglich aus Italien und ist auf 1470 datiert. Nicht ausgeschlossen, dass Leonardo diese Zeichnung gesehen hat und die Idee rasch in einer Skizze festhielt.

Die Zukunft gehört allerdings nicht den zeltförmigen, sondern den schirmartigen Konstruktionen, die dem Fallschirm denn auch seinen Namen geben. Das erste rahmenlose Modell verfertigt und testet André-Jacques Garnerin (1769–1823). 1797 schwebt er unter dem Jubel der Menge in einem Pariser Park aus vierhundert Metern Höhe zur Erde. Einen weiteren entscheidenden Schritt markiert die Erfindung des faltbaren Fallschirms durch die deutsche Luftfahrtpionierin Käthe Paulus (1868–1935), die schließlich zum heute gebräuchlichen sogenannten Rückenfallschirm führt, mit dem man auch aus einem Flugzeug abspringen kann. Der US-Amerikaner Leslie Irvin (1895–1966) wagt dies im Jahr 1919. So wird fast auf den Tag genau 400 Jahre nach dem Tod Leonardo da Vincis zur militärischen und zivilen Realität, was er in seinen Tagebüchern notiert hat. Die Menschen können sich nun »aus jeder noch so großen Höhe herabstürzen (…), ohne Schaden zu nehmen«. Das stellt der österreichische Extremsportler Felix Baumgartner (* 1969) noch einmal eindrücklich unter Beweis, als er 2012 aus dem Weltall abspringt und aus 39 000 Metern auf die Erde zurast. Obwohl er zwischenzeitlich die Schallmauer durchbricht und von der Erdmasse bis auf 1357 Stundenkilometer beschleunigt wird, landet er mit seinem Fallschirm schließlich sicher auf seinem Heimatplaneten.

Der Helikopter oder wie man doch allein mit Muskelkraft fliegen kann

Anders als in der lieblosen Skizze des Fallschirmspringers gibt Leonardo beim Entwurf seiner Flugschraube wieder eine beeindruckende Kostprobe seines Könnens. Mit Feder und Tusche malt er eine sich in zwei Windungen nach oben verjüngende Vorrichtung. In der Mitte steht ein Pfahl, der offensichtlich am Boden des Flugapparats drehbar gelagert ist. Neben der Zeichnung gibt Leonardo die Materialien an. »Der äußere Rand der Schraube sei aus Eisendraht, so dick wie eine Schnur.«[130] Die Bespannung soll aus Leinwand gefertigt werden. Zur speziellen Verdichtung schlägt Leonardo vor, »deren Poren mit Stärkekleister«[131] zu behandeln. Die Versteifungen der Leinwand will er aus »langen und dicken«[132] Rohren herstellen. Für den Radius der Luftschraube veranschlagt Leonardo acht braccia, also etwa 5,5 Meter. Ein wahrlich imposantes Gerät. Leonardo mahnt zu großer Sorgfalt in der Ausführung, denn nur dann »wird diese Schraube sich in der Luft emporschrauben und aufsteigen«[133].

Wie das geschehen soll, verrät Leonardo allerdings nicht und lässt damit die beiden Hauptprobleme unbehandelt. Zuerst stellt sich natürlich die Frage des Antriebs. Wie kann die an der breitesten Stelle elf Meter messende Holz-Leinwand-Draht-Konstruktion bewegt werden? Mit etwas

Fantasie wird man am unteren Ende des mittigen Mastes eine horizontal durch das Holz laufende Stange erkennen. Die Lagerung des Drehmechanismus könnte von zwei aufeinanderlaufenden Scheiben, wie sie auch beim Roulettekessel Verwendung findet, geleistet werden. In diesem Fall könnte die Luftschraube mit Menschenkraft angeschoben werden. Das zumindest vermuten Mario Taddei und Edoardo Zanon, wenn sie in ihr Modell noch eine zweite Querstange einfügen und vier Männer wie bei einer Ochsenmühle im Kreis laufen lassen, bis sich der Apparat schnell genug dreht, um sich in die Luft zu schrauben. Spätestens an diesem Punkt würde sich jedoch der Effekt selbst aufheben, da sich der am Boden noch vorhandene Gegendruck, mit dessen Hilfe der Mast und damit die Flugvorrichtung gedreht wird, im Wortsinn in Luft auflösen würde. Wenn die Luftschraube abhebt, hätten die Männer nämlich kein Widerlager mehr, um ihre Kraft einzusetzen. Sie würden gewissermaßen im Leerlaufmodus treten. Der Apparat »wäre flugunfähig, denn es gäbe nichts, gegen das die Füße drücken könnten«[134].

Die zweite Möglichkeit des Antriebs sieht die vier Männer lediglich als Starterkommando. Sie bewegen die Luftschraube bis zur kritischen Geschwindigkeit. Wenn sie dann aufsteigt, bleiben sie am Boden. Diese Option ist jedoch noch unbefriedigender, da die Luftschraube dann ohne Passagiere und ohne Pilot sich selbst überlassen wieder zu Boden stürzen und höchstwahrscheinlich zerbersten würde.

Einen weiteren Versuch, Leonardos Luftschraube in Gang zu setzen, kann man auf YouTube sehen.[135] Eine Gruppe mittelalterlich gekleideter Männer und Frauen, die unter dem Namen TheTandawilliams firmieren, bemüht sich darum, einen Prototypen aufsteigen zu lassen. Rasch müssen sie feststellen, dass der Antrieb nach dem Prinzip der Drehmühle zu schwach ist. Also legen sie ein langes Seil um die Plattform der Luftschraube und wickeln es in mehreren Windungen auf. Dann besteigt der Pilot den Flugapparat und gibt das Zeichen zum Start. Nun setzt sich der Starthelfer in Bewegung und rennt mit dem Seil los. Daraufhin beginnt sich die Luftschraube zu drehen. Aber sie hebt sich nicht einen einzigen Millimeter vom Boden ab. Der anfänglich den Startvorgang noch euphorisch anfeuernde Pilot sinkt mit fortdauernder Karussellfahrt in sich zusammen. Wahrscheinlich nicht einmal aus Enttäuschung darüber, dass er nicht fliegen wird, sondern eher, weil ihm übel geworden ist.

Das zweite Problem, das Leonardo nicht löst, besteht im Flugvorgang selbst. Lässt man einmal unberücksichtigt, dass es nur sehr wenige Passagiere gibt, die einen Flug in ständiger Rotation unbeschadet überstehen würden, stellt sich die noch entscheidendere Frage, ob sich die Konstruktion prinzipiell in die Luft zu schrauben vermag. Leonardo geht wiederum nach dem Analogieprinzip vor. Bei Holz ist die Sache klar. Eine Schraube kann in jeder beliebigen Richtung in dieses Medium vordringen. Bei Wasser liegt der Fall nicht anders. Schon Archimedes von Syrakus (287–212 v. Chr.) erfindet Pumpen, die Wasser befördern, indem sie sich in das Element hineindrehen. Der von Leonardo verehrte Vitruv gibt in seinen Schriften im 1. vorchristlichen Jahrhundert genaue Bauanweisungen für die sogenannte Archimedesschraube. Dabei bewegt sich eine spiralartige über die gesamte Strecke gleich breite Schraube passgenau in einem Rohr. Wenn sich die Schraube dreht und Wasserkontakt bekommt, bilden sich jeweils Kammern, in denen das Wasser nach oben transportiert wird. Dieses Prinzip funktioniert gut und erreicht bereits mit den in der Antike benutzten Materialien »einen Wirkungsgrad irgendwo zwischen von 40 bis 50 Prozent«[136]. So kann ein Mann durch Einsatz seiner Muskelkraft von etwa 0,1 PS mithilfe einer Archimedesschraube beachtliche 10 000–12 000 Liter pro Stunde pumpen.

Wenn Schrauben in festen und flüssigen Medien derart gute Effekte zeitigen, dann sollten sie das auch in der Luft tun, denkt Leonardo und lässt sich von seiner Vorliebe für Analogien in die Irre leiten. Denn in der Luft kann das Prinzip aufgrund der – im Vergleich zum Wasser – 800-fach geringeren Dichte nicht funktionieren. Leonardo hätte sich für seinen Entwurf besser an den bereits im Mittelalter gebräuchlichen Spielzeugen orientiert. Am Ende eines dünnen Holzstabes sind zwei miniaturisierte flache Flügel angebracht. Wenn man nun den Stab rasch zwischen den Händen dreht und im richtigen Moment loslässt, fliegt die Konstruktion in die Höhe. »Das älteste uns bekannte Spielzeug dieser Art stammt aus der Zeit zwischen 1320–1325«[137], schreibt Charles Gibbs-Smith. Dieser Apparat ist nach dem Vorbild eines Windmühlenflügels und ebenfalls nicht nach dem der Schraube konzipiert.

Für den vertikalen Aufstieg in die Luft müssen die beiden von Leonardo unbearbeiteten Probleme gelöst werden. Das dauert noch bis ins 20. Jahrhundert. Erst als 46 Pferdestärken in dem eigens für Flugexperimente entwickelten

Luftschraube[138]

V8-Motor der Firma Société Antoinette komprimiert sind und insgesamt zweiunddreißig Blätter – auf vier paarig angeordneten Rotoren verteilt – für den nötigen dynamischen Auftrieb sorgen, kann am 29. September 1907 das Gyroplane Nr. I als erstes von Menschenhand gebautes Flugobjekt senkrecht starten. In der einen Minute, die der knapp vier Meter hohe Hubschrauber des französischen Luftfahrtingenieurs Luis Charles Breguet (1880–1955) und seines Landsmannes Charles Richet (1850–1935) seine fünfhundert Kilogramm in der Luft hält, erreicht der bemannte Flug eine Höhe von sechzig Zentimetern. Der Pilot an Bord verdient jedoch diese Bezeichnung nicht, da er »keine Kontrolle über die Maschine besaß«[139].

Die Steuerung des Hubschraubers erweist sich als schwierig, da nach dem Newtonschen Prinzip von Actio und Reactio der Rumpf des Fluggeräts dazu tendiert, sich entgegen der Drehrichtung der Rotorblätter zu bewegen. Das bringt Instabilität in den Flug des Helikopters. Der russische Flugingenieur Igor Sikorsky (1889–1972) kann diese Kinderkrankheit des Hubschrauberfluges überwinden, indem er erst einen und schließlich zwei waagerechte Rotoren am Heck platziert. Der in Kiew geborene Sikorsky träumt seit seiner Jugend davon, einen Senkrechtstarter zu entwerfen. Dieser Traum soll in Erfüllung gehen. Bis 1945 wird er mehr als vierhundert Hubschrauber bauen. Dies allerdings nicht mehr in der Ukraine. Der 30-jährige Ingenieur aus einem Akademikerhaushalt flieht vor der bolschewistischen Gewaltherrschaft in die USA, wo er 1923 die Sikorsky Aero Engineering gründet. Nachdem die Firma mit dem Bau von Flugzeugen genügend finanzielle Rücklagen gebildet hatte, widmet sich Sikorsky dem Hubschrauber. 1942 bringt er seine XR-4 mit einem 185-PS-Motor zur Marktreife. Die US-Armee gibt die Serienproduktion dieses Typs in Auftrag.

Angeblich löste Sikorskys Mutter dessen Begeisterung für Helikopter aus, als sie ihrem Sohn Leonardos Zeichnung von der Luftschraube zeigte. Zumindest behauptet Charles Gibbs-Smith, »dieses Bild habe ihn später veranlasst, sich dem Studium des Helikopters zu widmen, in dessen Erforschung er führend werden sollte«[140]. Wenn das stimmt, hätte Leonardo also doch etwas für die Erfindung des Hubschraubers geleistet.

Acht Jahre nach dem Tod von Igor Sikorsky lobt die American Helicopter Society in dessen Namen einen Preis für den ersten menschenkraftgetriebenen Helikopter aus. Die Kriterien sind hoch. Wer das Preisgeld erhalten möchte, das von der Sikorsky Aircarft Corporation auf 250 000 US-Dollar festgelegt wird, muss ein »vertical take-off and landing«[141]-Gerät vorführen, das allein durch die Muskeln eines Piloten sechzig Sekunden in der Luft gehalten wird und dabei mindestens drei Meter vom Boden abhebt. Es dauert dreiunddreißig Jahre, bis ein Team von der Universität Toronto mit ihrem Modell AeroVelo Atlas den Preis gewinnen kann. Die Kanadier unter der Leitung der Ingenieure Todd Reichert und Cameron Robertson besitzen gegenüber Leonardo allerdings einen enormen technologischen Vorteil. Sie müssen ihren Hubschrauber nicht auf Holzbasis bauen, sondern können Kohlefaserkunststoffe verwenden, wodurch das Leergewicht bei gerade einmal fünfundfünfzig Kilogramm liegt. Allein dadurch hätten die preisgekrönten Tüftler sicherlich Leonardos Neid auf sich gezogen.

Auch jenseits dessen kann man sich eine Begegnung über die Zeitspanne von fünfhundert Jahren hinweg als durchaus reizvoll ausmalen. Bei den Ausmaßen des Flugobjekts wären sich nämlich die Gewinner des Sikorsky-Preises mit dem Renaissancemenschen erstaunlich rasch einig geworden. Der Durchmesser seiner Luftschraube sollte elf Meter betragen, die Rotorblätter des AeroVelo Atlas liegen bei 10,2 Meter. In der Frage, wie das Gerät in die Luft zu bringen sei, wäre der Diskussionsbedarf dagegen größer gewesen. Nachdem Todd Reichert und Cameron Robertson ihr dem dynamischen Auftrieb verpflichtetes Prinzip dargelegt hätten, wären wahrscheinlich deutliche Zeichen der Skepsis in Leonardos Gesicht aufgestiegen. Oder er hätte nur amüsiert über die modernen Menschen gelächelt und gesagt, dass ihr Prinzip bestenfalls für ein Kinderspielzeug tauge.

KRIEG

Pazifist und Kriegstreiber

Leonardo kann kriegerischen Auseinandersetzungen nichts abgewinnen. Nach heutigen Maßstäben ist es sicher nicht verfehlt, ihn als Pazifisten zu bezeichnen. Der Krieg ist »die tierischste Dummheit«[1], lautet ein oft gebrauchtes Zitat, das Leonardo zugeschrieben wird. Der Furor dieses Ausspruchs lässt an Deutlichkeit nichts zu wünschen übrig, die Semantik allerdings schon. Denn von Kriegen im Tierreich wissen wir – jenseits von Menschenaffen – nichts. Natürlich gibt es bei verschiedenen Arten Revierkämpfe zwischen Alphamännchen, die haben jedoch mit den Kriegen der Menschen nichts gemein. Sie enden in der Regel nicht einmal tödlich, bleiben auf die beiden Kombattanten beschränkt und finden ohne den Einsatz jener künstlichen Hilfsmittel statt, die dem anderen gezielt Wunden schlagen könnten. Insofern müsste bei Leonardos Ausruf eigentlich das Adjektiv ausgetauscht werden: Der Krieg ist die größte menschliche Dummheit.

Leonardo, der diese leichte Abwandlung seiner Sentenz sicherlich gemocht hätte, schlägt in einem Brief an Ludovico Sforza allerdings ganz andere Töne an. In dieser ersten überlieferten Initiativbewerbung der Neuzeit versucht er, den mailändischen Herzog mit der Offenbarung von Geheimnissen zu locken. Diese betreffen vor allem den Bau neuartiger Kriegsgeräte. Leonardo bietet an, dem Herrscher sein geistiges Eigentum zur Verfügung zu stellen, »um zu gegebener Zeit alle die Dinge auszuführen«[2]. In neun Punkten entwickelt Leonardo dann seine Agenda. Er preist seine leicht zu befördernden mobilen Brücken ebenso wie die unzerstörbaren festen, schwärmt von seinen Leitersystemen, seinen Bombarden, »mit denen man kleine Steine schleudern kann, fast so, als ob es hagle, und deren Rauch dem Feind gewaltigen Schrecken einjagt«[3]. Ferner kündigt Leonardo das geräuschlose Anlegen von Geheimgängen an, um schließlich mit gepanzerten Wagen aufzutrumpfen, »die mit ihren Geschützen durch die Reihen des Feindes fahren und jeden noch so großen Haufen von Bewaffneten zersprengen werden«[4]. Auch Katapulte, Wurf- und Schleudermaschinen aller Art und Reichweite gehören zum Repertoire des selbst ernannten Militäringenieurs. Leonardos Resümee strotzt vor Selbstbewusstsein: »Kurzum, ich werde je nach den verschiedenen Umständen allerlei verschiedene Angriffs- und Verteidigungsmaschinen bauen.«[5] Nur ganz am Rande spricht Leonardo von seinen künstlerischen Talenten. Er stellt dem Herzog die Anfertigung eines Bronzepferdes zu Ehren seines Vaters in Aussicht und stilisiert sich zum Baumeister und Bildhauer. Dass er auch zeichnen kann, erwähnt er hingegen nur mit einem einzigen Wort.

Der Widerspruch zwischen der Geisteshaltung des Pazifisten und der Realität des begeisterten Waffenkonstrukteurs lässt sich leicht erklären. Leonardo verachtet die Brutalität des Krieges zutiefst, gleichwohl muss er sich um eine Anstellung bemühen. Nach sieben Lehrjahren in der Werkstatt von Verrocchio dient er diesem noch immer als Gehilfe. Wie seine eigene Karriere in Gang kommen soll, steht

Ende der Siebzigerjahre des 15. Jahrhunderts in den Sternen, da sich Florenz als schwieriges Pflaster für den 25-Jährigen erweist.

Leonardo braucht einen Neuanfang in einer anderen Stadt, einer, in der die Dichte herausragender Köpfe und talentierter Hände nicht ganz so hoch ist. Die Suche nach einem Mäzen fädelt er mit großem Geschick ein, indem er sein Befähigungsprofil der Nachfrage anpasst. Mit Malern und Baumeistern ist der Markt in der Blütezeit der Renaissance gesättigt, aber für einen Meister der Kriegstechnik finden sich allerorten gut dotierte Stellen. Krieg gehört im 15. Jahrhundert in Italien zum Alltag, er stellt den Normalzustand dar und Frieden die Ausnahme. Wenn man sich die Machtverhältnisse anschaut, nimmt das nicht wunder. Dreieinhalb Jahrhunderte bevor die Bemühungen um einen Nationalstaat langsam zu fruchten beginnen, existieren in Italien grundverschiedene Herrschaftsformen nebeneinander. Während sich im Süden Sizilien und Neapel als Königreiche organisieren, trifft man im Norden des Landes einen Mix aus Republiken wie Florenz, Genua und Venedig und Herzogtümern wie Mailand, Savoyen und Modena an. In der Mitte des Landes hingegen herrscht der Kirchenstaat. Dieser politische Flickenteppich sorgt für permanente Spannungen, die oft mit kriegerischen Mitteln gelöst werden.

Ludovico Sforza spielt dabei eine besondere Rolle, da er zusätzlich noch mit französischer Unterstützung liebäugelt, seit er 1476 vorerst kommissarisch die Geschäfte des Mailänder Herzogtums führt. Sein Reich geht weit über die Stadtgrenzen hinaus. Es reicht etwa hundert Kilometer in südlicher Richtung von den Voralpen bis hinunter zum Fluss

Po und gut neunzig Kilometer von West nach Ost. Doch das reicht Ludovico Sforza nicht. Für seine Größenfantasien kommt ihm ein Militäringenieur, der Wunderdinge zu vollbringen ankündigt, gerade recht. Il Moro verbündet sich schließlich mit Karl VIII. (1470–1498), der für einen Italienfeldzug rüstet. Als der französische König jedoch Ernst macht und eine Spur der Verwüstung durch Italien zieht, stellt er sich gegen ihn. Sein Schicksal ist allerdings bereits besiegelt. Nach zwischenzeitlichen Erfolgen wird Ludovico Sforza 1500 endgültig besiegt, entmachtet und in der französischen Burg Loches gefangen gesetzt, wo er acht Jahre später stirbt.

Leonardos Mitleid für seinen langjährigen Mäzen hält sich in Grenzen. Als er wenige Monate nachdem er selbst Mailand verlassen hat von seinem Sturz erfährt, notiert er lapidar: »Der Herzog verlor den Staat, sein Gut und seine Freiheit, und keines seiner Werke wurde von ihm vollendet.«[6] Anstatt Mitgefühl für seinen Gönner zu zeigen, verweist Leonardo auf dessen unvollendete Werke. Das klingt aus dem Munde eines Mannes, der so gut wie alles, was er anfängt, notorisch unvollendet lässt, nach einer Projektion seiner eigenen Problematik auf den unglücklichen Herzog. Um wie viel mehr hat ein Künstler, der im Grunde nur von seiner Schaffenskraft abhängig ist, die Pflicht, seine Werke zu vollenden als ein Machthaber, dessen Wirken unter vielerlei Einflüssen der Zeitläufte steht? Möglicherweise wären die von Leonardo angekündigten Waffen in den kriegerischen Auseinandersetzungen von Ludovico Sforza hilfreich gewesen. Dafür hätten sie allerdings aus mehr als prahlerischen Worten und verstreuten Skizzen bestehen müssen.

Dann wäre vielleicht auch jene vollmundige Ankündigung Leonardos Wirklichkeit geworden, mit der er das Ziel seines Engagements für die Entwicklung neuartigen Kriegsgerätes zum Ausdruck bringt: »Um das Hauptgeschenk der Natur, nämlich die Freiheit, zu bewahren, erfinde ich Angriffs- und Verteidigungsmittel für den Fall, dass wir von ehrgeizigen Tyrannen bedrängt werden.«[7]

Wie man gegen Fußangel und Schmierseife zu Werke geht

In seinen Notizbüchern erweist sich Leonardo in Kriegsdingen als typischer Renaissancekünstler. Diese Kulturepoche steht für die Wiederentdeckung des Wissens und Könnens der Antike. Ein gewaltiger Fundus, der während des christlichen Mittelalters in der arabischen und türkischen Welt bewahrt und weiterentwickelt wird, steht nun wieder zur Verfügung. Leonardo eignet sich das Erbe an, indem er es kopiert, kommentiert und, wo es ihm geboten scheint, verbessert. Diese Technik des Lernens wird ihm in der Werkstatt Verrocchios vermittelt. Lebenslang behält er sie bei, ohne jedoch auf die jeweiligen Originale hinzuweisen. In teils enzyklopädischem, teils plauderndem Stil listet Leonardo antike Waffen auf und definiert sie. Vom »Skorpion« berichtet er, mit dem man »Steine, Speere und Pfeile schleudern kann«[8], von Katapulten und Bögen ist die Rede, aber auch von Waffen mit geläufigen lateinischen Namen wie *veruina*, *scalprum*, *soliferreum*, *fonda*, *glandea*[9] und *murici*. Letzteres sind Fußangeln, die Leonardo rät, auf dem Schlachtfeld einzusetzen, »sei's, um sie auf der Seite auszustreuen, von der man den Angriff des Feindes erwartet, sei's, um sie unter die Feinde zu werfen, wenn sie ihren Sieg verfolgen«[10]. Von der *veruina* schreibt Leonardo im eingeweihten Expertengestus. Sie sei, »wie ich in der Komödie von Plautus finde, ein langer Wurfspieß mit einer scharfen Eisenspitze«[11]. Allein, es ist keineswegs Leonardo, der im Stück des römischen Dichters Titus Maccius Plautus (254–184 v. Chr.) die Waffe findet, sondern Roberto Valturio. In seinem Buch *De re militari*, das Leonardo bereits in gedruckter Form vorliegt, gibt dieser sogar genau an, wo der Wurfspieß zum Einsatz kommt: »Plautus, in Bacchide«[12] – also in der Komödie »Bacchides«. Leonardo schmückt sich mit fremden Lesefedern, wenn er schreibt, dass er selbst den Wurfspieß im Stück des Plautus findet. Heute würde man ihn deswegen zu Recht des Plagiats bezichtigen. Zu seiner Zeit entstand im Gefolge des Buchdrucks gerade erst eine vage Idee davon, dass geistiges Eigentum etwas Schützenswertes sein und auch Autoren Rechte an ihren Schöpfungen haben könnten. Insofern ist die Unterlassung der Quellenangabe im rechtlichen Sinne eine lässliche Sünde Leonardos, als unredlich kann man sie jedoch über die Zeiten hinweg bezeichnen.

So viel Leonardo von Roberto Valturio auch lernt und kopiert, die Tugend der Ehrlichkeit übernimmt er nicht. Denn Valturio geht in seinem Werk *De re militari*, das als erfolgreichstes Waffen- und Kriegsbuch der Renaissance gilt, sehr wohl auf seine Quellen ein. Neben den antiken Autoren inspiriert ihn besonders der eine Generation ältere Taccola, der in seinem Werk *De machinis libri X* Kriegsgeräte und andere Maschinen wie Flaschenzüge und Pumpanlagen beschreibt. Das Buch gibt einen guten Überblick über jene Waffen, die Ende des 14. Jahrhunderts bekannt sind: »auseinanderklappbare Leitern, Widder, hölzerne Schutzstände, Brandwaffen, Wurfmaschinen und einige vorgefertigte und

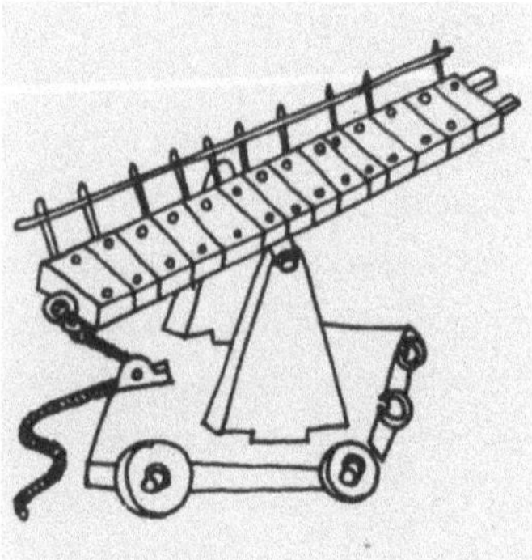

mit Scharnieren versehene Brücken«[13]. Auch Geschütze und Bombarden finden sich bei Taccola, wie der französische Technikhistoriker Bertrand Gille betont. Schaut man sich die Zeichnungen des auch »Archimedes von Sienna« genannten Taccola an, etwa seine Sturmleiter[14], so bekommt man rasch einen Eindruck davon, worin Leonardo den Militäringenieuren haushoch überlegen ist – im malerischen Talent.

Auf Taccola, der auch ein Schaufelradboot (siehe S. 77) entwirft und den »vitruvianischen Menschen« zeichnet, folgt Valturio. Die Abbildungen in dessen Werk über die Kriegskunst stammen vom Kupferstecher Matteo de' Pasti (1420–1467/68), der »sich weitgehend an Taccolas Zeichnungen«[15] hält. Leonardo bedient sich beider Autoren und tut das, was er am besten kann. Er gibt den Gegenständen die richtige Perspektive und gestaltet sie bis ins Detail mit hoher Kunstfertigkeit, was die rauchenden Mörser[16] hinlänglich unter Beweis stellen. Im Gegensatz zu seinen Bildern wirken die seiner Vorläufer wie Kinderzeichnungen. Leonardo malt mit solcher Kraft, Präzision und Lebendigkeit, dass noch die beiläufigste Skizze voller Evidenz scheint. Ganz sicher muss diese Darstellungsgabe als einer der Gründe, wenn nicht sogar der Hauptgrund, für Leonardos irrtümlichen Nachruhm als Erfinder angesehen werden.

Anders als Valturio sein insgesamt zwölfbändiges Werk,

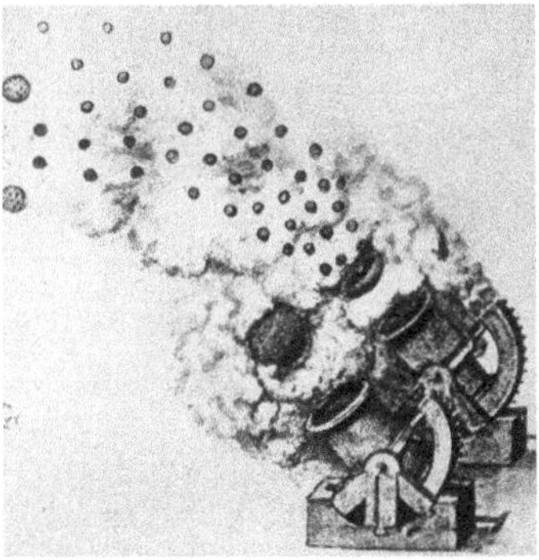

schreibt Leonardo seine Notizbücher nicht, um sie drucken zu lassen. Es handelt sich um Arbeits- und Lernbücher, die einen Einblick in seinen neugierig unruhigen Geist geben. So notiert er sich auf der Rückseite des Blattes 50 im Manuskript B der heute so genannten Pariser Manuskripte unkommentiert die Namen großer antiker Kriegsbaumeister, während er auf der Vorderseite eine märchenhaft anmutende Kriegslist für die Einnahme eines Kastells beschreibt, die beweist, dass nicht alles, was er festhält, kopiert ist. So rät er Verschwörern, die eine Burg besetzen wollen, einen Mann als Vorhut zu bestimmen. Der solle sich vom Burgherrn verpflichten lassen und bei Antritt seines Dienstes ein »Knäuel starken Zwirn mitnehmen«[17]. Am Tag der Tage wirft er den Faden aus. Daran wird von den Seinigen eine Schnur befestigt, die der Eindringling hochzieht. Ist das geschehen, wird er die Schnur benutzen, um schließlich ein Seil daran zu sich hinaufzubefördern, »das später zum Hochziehen der Strickleiter dienen mag«[18]. Dieser Ratschlag wirkt derart kurios, dass es sich eigentlich nur um einen Scherz oder eine Idee für eine Fabel von Leonardo handeln kann. Worin dabei allerdings der Humor liegen soll und für wen er bestimmt ist, will sich nicht recht erschließen.

Von ähnlicher Qualität sind auch seine Ratschläge für den Fall, dass der Feind mit Schmierseife und Fußangeln arbeitet. Leonardo empfiehlt dem tapferen Soldaten, Eisensohlen zu tragen. Sie sollen in der Mitte geteilt sein, damit der Fuß abrollen kann. Wenn nun die Unterseite die Beschaffenheit einer Feile oder Raspel hat beziehungsweise mit kurzen Nägel gespickt ist, kann so verhindert werden, »dass der Fuß auf der Seife ausrutscht und der Mann hinfällt. Und da sie aus Eisen sind, so werden die kleinen Bretter und Fußangeln umsonst geworfen werden.«[19] Die von Leonardo empfohlenen Sohlen werden allerdings nicht wie üblich in die Schuhe gelegt, wo sie selbstredend nicht den erwünschten Effekt bringen würden, sondern der Krieger soll sie sich unter die Schuhe schnallen, vergleichbar etwa den Antirutsch-Spikes unserer Tage.

Unter »Fußangel« versteht man ein Kriegsgerät aus vier Eisenstiften, die so angeordnet sind, dass, wie auch immer die Waffe zu liegen kommt, jeweils eine der scharfen Spitzen nach oben zeigt. Leonardo gibt in seinen Notizbüchern eine kurze Anweisung für deren Herstellung. Sie werden nach einem Gipsmodell gegossen, »und die Spitzen sollen später gefeilt werden«[20]. Anwendung finden die auch als »Krähenfuß« bezeichneten Waffen spätestens seit 331 v. Chr. Bis heute, wo sie sich bei Armee und Polizei großer Beliebtheit erfreuen, wenn es darum geht, die Luft aus den Reifen feindlicher Fahrzeuge entweichen zu lassen.

Leonardos Vorschlag, sich vor den schmerzhaften Verletzungen, die einem die Fußangeln zufügen können, zu schützen, hat seine Tücken. Streift der Soldat, wie von Leonardo empfohlen, die Eisenbewehrung prophylaktisch über, würde er zumindest auf Steinboden sicheren Stand einbüßen. Setzt er sie jedoch erst im Bedarfsfalle ein, verliert er wertvolle Zeit. So braucht es sicherlich eine zündendere Idee, um die Fußangeln unschädlich zu machen. Das scheint auch Leonardo bewusst zu sein, zumindest denkt er wiederholt darüber nach und zieht auch »eine aus Baumwolle gewobene, einen Finger dicke Stoffeinlage« in Erwägung, die zwischen Sohle und Fuß gelegt werden soll, damit sich die Fußangeln »nicht in die Füße bohren«[21]. Wie seine Spezialsohlen aber gegen vom Feind verteilte Schmierseife helfen sollen, wird nicht verständlich.

Wie Schwangere nach Bombardenbeschuss gebären

Die zentrale Herausforderung für einen Kriegsingenieur der Renaissance besteht in der Entwicklung der Artillerie. Spätestens als die Hussiten 1421 mit Geschützen, die auf Karren befestigt sind, das Heer des ungarisch-böhmischen Königs Sigismund (1368–1437) in die Flucht schlagen, bekommen Feuerwaffen den Nimbus der Unbesiegbarkeit. Der Krieg nimmt durch die Einführung von Geschützen aller Art andere Formen an. Leonardo gibt in seinen Notizbüchern auch eine Rezeptur für Schießpulver, das in der Lage sein soll, Geschosse möglichst weit zu schleudern. »1 Pfund Holzkohle. 11 Unzen Schwefel. 5 Pfund Salpeter.«[22] Im Anschluss notiert er eine sehr genaue Anweisung für die Zubereitung des Explosivstoffs. Zuerst sollen die Inhaltsstoffe zerrieben und mit etwas Weingeist angefeuchtet werden. Dann gibt Leonardo dem imaginierten Sprengmeister die gewagt wirkende Anweisung: »Trockne es in der Sonne oder am Feuer.«[23] Dieser Vorgang wird so oft wiederholt, bis das Schießpulver »schwarz, einheitlich und ganz fein ist«. Zur Aufbewahrung soll es dann wiederum zu Körnern zusammengefügt werden. Wenn es zum Einsatz kommt, »zerreibe nur das, was man auf die Zündpfanne schüttet, und das genügt«[24].

Nicht einmal die Protagonisten des Geniekults um Leonardo behaupten, er habe das Schießpulver erfunden. Zu unsinnig wäre diese Legende. Denn das wegen seiner Farbe auch Schwarzpulver genannte Sprengmittel entdecken schon die chinesischen Alchemisten der Tang-Dynastie (618–907). Bereits im 11. Jahrhundert verwendet man in China mit Schwarzpulver gefüllte Bomben. In Europa spricht der englische Philosoph Roger Bacon Mitte des 13. Jahrhunderts von Schießpulver, mit dessen Hilfe künstlich Feuer erzeugt und über weite Wegstrecken geschleudert wird: »Damit kann eine Stadt oder ein Heer vernichtet werden.«[25] Schon im Jahr 1326, also über zweihundert Jahre vor Leonardos Geburt, bestellt die Regierung von Florenz Metallgeschütze und Munition für die Verteidigung ihrer Stadt.

Die einzelnen Elemente, aus denen Schwarzpulver besteht, sind bekannt, über die richtige Zusammensetzung wird allerdings gerätselt. Sie kann sich nur im Experiment erweisen. Von Leonardo sind keine Versuche in dieser Richtung bekannt. Sein Wissen über das Schwarzpulver stammt sicherlich aus einem der damals kursierenden Bücher zum Thema. Heute gilt ein Mischungsverhältnis von fünfundsiebzig Prozent Salpeter, zehn Prozent Schwefel und fünfzehn Prozent Holzkohle als ideal. Dem kommt Leonardo respektive seine Quelle nahe. Sein Zeitgenosse Pedro Navarro, der Graf von Oliveto (1460–1528), allerdings ist es, der auf verschiedenen Feldzügen eine Spezialmischung entwickelt, mit der er Festungsmauern und ganze Garnisonen in die Luft fliegen lassen kann – und das auch tut. Er praktiziert sein zerstörerisches Handwerk ausgiebig im Dienste unterschiedlicher Kriegsparteien, so, »dass er das Rezept für einen wirkungsvollen Sprengstoff angeben konnte, das sich während der folgenden vier Jahrhunderte kaum noch änderte«[26]. Erst 1867 setzt Alfred Nobel mit der Erfindung des Nitroglyzerins neue Standards in Sprengstoffdingen.

Leonardo notiert zum Geschützwesen mehr Fragen als Antworten, etwa jene nach dem Verhältnis von Kraftaufwand und Schussweite. Er will wissen, wie weit eine Bombarde mit einem 200-Pfund-Geschoss schießen kann, wenn sie »mit ihrer größten Kraft ein Geschoss von 100 Pfund 3 Meilen weit schleudert«, oder wie viel Pulver man braucht, um eine Kugel vier Meilen weit zu schießen, »wenn eine Bombarde bei 4 Pfund Pulver mit ihrer größten Kraft ein 4 Pfund schweres Geschoss 2 Meilen weit schleudert« [27]. Leonardo interessiert sich auch dafür, welche Form das Pulver haben muss, »um schneller oder langsamer Feuer zu fangen«[28]. Ebenso fragt er: »Welchen Dienst wird die Bombarde mit gebogenem Lauf leisten?«[29] Und er will wissen, wie sich die Länge des Laufes auswirkt, wie der Untergrund, auf dem die Bombarde steht, den Rückstoß beeinflusst, ob man, wenn man eine Kugel von hundert Pfund Gewicht losschießen kann, auch hundert Kugeln à ein Pfund mit einem Schuss abfeuern könnte, ob »mehrere Läufe von einem und demselben Schwanzstück ausgehen«[30] können oder wie sich die Wirkung unterscheidet, wenn eine Bombarde vom Land oder vom Meer aus abgefeuert wird.

Das sind plausible Fragen eines Praktikers des Kriegswesens, der seine Geschütze auf dem Versuchsfeld erprobt. Jede einzelne könnte durch Experimente beantwortet werden. Bei sorgfältiger Protokollierung würde so ein für jeden Kanonier nützliches Erfahrungswissen zusammenkommen, das dem Militäringenieur zugleich Impulse zur Verbesserung der Waffen liefern würde. Doch obwohl

Leonardo aufgrund seines Bewerbungsschreibens, in dem er seine Fähigkeiten und Visionen auf dem Gebiet der Kriegskunst in höchsten Tönen anpreist, von Ludovico Sforza engagiert wird, übernimmt er an dessen Hof Aufgaben, die nicht einmal im Entferntesten etwas mit Waffen zu tun haben. Il Moro ernennt Leonardo zum *pictor et ingenarius ducalis*, zum herzoglichen Maler und Ingenieur. Doch seine Ingenieursaufgaben bleiben auf eher bescheidene Tätigkeiten beschränkt. Er entwirft Kostüme und baut Kulissen für das herzogliche Theater. Der Renaissancekenner Ross King schreibt in seiner Biografie: Leonardo trägt »zur Unterhaltung der Höflinge bei, indem er Zauberkunststückchen vorführt – wie zum Beispiel weißen in roten Wein zu verwandeln«[31]. In Leonardos Notizbüchern finden sich noch wesentlich profanere Aufgaben, wie die des Heizers: »Zum Anwärmen des Wassers im Badeofen der Herzogin musst du drei Teile warmen Wassers auf vier Teile kalten Wassers nehmen.«[32]

Während sich Leonardo um das Amüsement am Hof und das Badewasser der Herzogin kümmert, rüstet Ludovico Sforza auf. Bis zu 75 Prozent der Steuereinnahmen des Herzogtums Mailand investiert er in seine Streitkräfte. Als der Herzog schließlich einsieht, dass er für seine ehrgeizigen Pläne auch schwere Artillerie benötigt, hätte man meinen können, er würde Leonardo mit Entwurf und Ausführung der modernen Kriegsgeräte beauftragen, doch »erhielten die Waffenschmieden von Ferrara den Auftrag und nicht Leonardo«[33]. Il Moro achtet seinen begnadeten Hofkünstler hoch, erfreut sich seiner inspirierenden Gesellschaft, seines Ideenreichtums und seiner Malerei, in Kriegsdingen allerdings verlässt er sich auf andere. Möglicherweise empfindet Leonardo diese Herabstufung nicht als Demütigung, sondern sogar als einen Glücksfall. So wird er nicht in das kriegerische Geschäft seiner Zeit hineingezogen und muss nicht mit ansehen, wie durch seine Erfindungen Menschen zu Tode kommen. Durch das bloße Skizzieren und Kommentieren von Waffen ist noch niemand gestorben.

Vergleicht man Leonardos kühne Ideen zum Flug oder seine eigenwilligen Theorien über die Natur des Wassers mit seinen Notizen zum Krieg, so fällt auf, wie wenig originell diese sind. Nur ein Mal lässt er seiner spekulativen Ader freien Lauf, wenn er sich die Folgen eines Schusses aus einer Bombarde ausmalt, der auf einen kleinen von Mauern umgebenen Hof abgefeuert wird. Aus der Dramatik der Schilderung spricht das Talent des Malers, der in seinen Bildern bewegte Geschichten erzählt. Kein Stein bleibt auf dem anderen. Die Gefäße zerspringen, die Fenster bersten, der Boden zittert, die Mauern schwanken, selbst Spinnweben fallen herab, und das Dach hebt sich für Momente. Kleinere Tiere wie die Küken in ihren Eiern sterben vor Leonardos geistigem Auge, größere nehmen Schaden, weil sie luftgefüllt sind. Die unschlagbare Pointe von Leonardos Beschreibung besteht in der Vorstellung, was mit Schwangeren geschieht. Der Schuss der Bombarde werde »die Frauen und jedes tragende Tier vor der Zeit gebären lassen«[34].

Ludovico Sforza weiß sicherlich am besten, warum er Leonardo nicht mit Kriegsdingen betraut. Wahrscheinlich wird ihm rasch aufgefallen sein, wie unruhig und sprunghaft der Geist seines herzoglichen Malers und Ingenieurs ist. Leonardo mag sich nicht auf eine Sache konzentrieren.

Die Kontinuität, die das erfordert, würde ihn sowohl zeitlich wie auch geistig zu sehr einschränken. Zu vieles interessiert ihn, zu vieles gibt es zu ergründen. Insofern könnte man Leonardo geradezu beispielgebend für die Erklärung des Begriffs »Renaissancemensch« heranziehen. An allem interessiert und vielseitig begabt, will er herausfinden, wie die Dinge zusammenhängen. Die Erklärungen der Kirche genügen ihm nicht, ihre Vertröstungen auf das Himmelreich machen ihn ungeduldig. Er will selbst das Wesen der Dinge ergründen. Voller Selbstbewusstsein, mit der Chuzpe des Quereinsteigers und dem Überschwang des Dilettanten. Bloß gut, dass der Herzog andere für die ernsten Geschäfte heranzieht, so kann Leonardo seinen geistigen Leidenschaften nachgehen. Die Bespaßung des Hofes hindert ihn daran ebenso wenig wie die Temperierung des Badewassers Ihrer Exzellenz.

Für Leonardo existieren keine Denkverbote, und so kommt es, dass der Pazifist sogar über den Einsatz von Gift im Krieg nachdenkt. In seinem Notizbuch gibt er mehrere Rezepturen an. Ein Kampfstoff, den er »Opiumrauch« nennt, hat allerdings nichts mit diesem Rauschmittel zu tun, sondern besteht aus »Bilsenkraut, Disteln, Samen und Wurzeln von Eisenhut«[35], das vor dem Einsatz getrocknet und vermischt werden muss. Ein beileibe giftiger Cocktail. Inwiefern auch der Rauch davon toxisch wirkt, ist unklar. Leonardo liefert keine Beschreibung der zu erwartenden Symptome, empfiehlt jedoch zugleich das Antidot »Lolchsamen und Weingeist in Baumwolle«[36]. Er notiert noch einen weiteren Rauch, den er explizit als tödlich bezeichnet: »Nimm Arsenik und mische es mit Schwefel oder Schwefelarsenik.«[37]

Als Gegenmittel schlägt er Rosenwasser vor. Keine Arznei hingegen kennt Leonardo gegen das Gift, das er nach Art der Alchemisten zubereitet sehen möchte. Und zwar aus dem Absud einer Landkröte, »Geifer von einem tollwütigen Hund und Absud von Kornelkirschen; Tarantel von Taranto«[38]. Hier mag die Gewinnung der Ingredienzien und deren Zubereitung unter Umständen gefährlicher sein als das Gift selbst. Anwendungen einer dieser drei Giftmixturen in kriegerischen oder zivilen Auseinandersetzungen sind nicht überliefert.

Wie fliegt die Kanonenkugel?

Selbstredend finden sich in Leonardos Notizbüchern auch Kanonen. Sie spielen in der Kriegsführung des 15. Jahrhunderts bei Belagerungen eine zunehmend wichtigere Rolle. Prominent wird in diesem Zusammenhang der Fall Konstantinopels im ersten Lebensjahr Leonardos. Der osmanische Sultan Mehmed II. (1432–1481) setzt bis dahin nie gesehene wuchtige Kanonen ein, um 1453 die als uneinnehmbar geltende doppelte Schutzmauer der Stadt zu zerstören. Die darauffolgende Einnahme Konstantinopels besiegelt das Schicksal des Byzantinischen Reichs. Das Flaggschiff der osmanischen Artillerie ist eine Bombarde, »die so groß war, dass zum Transport ein Karren mit 50 Ochsengespannen erforderlich war«[39]. Der Überlieferung nach feuerte dieses Riesengerät Kugeln mit einem Gewicht von bis zu einer halben Tonne auf die Stadtmauern Konstantinopels.

Der Aufstieg der Kanone zum Kriegsgerät Nummer eins ist verbunden mit der Suche nach einer Theorie für den Flug der Geschosse. Die Ballistik aber steckt noch in den Kinderschuhen und besteht im Wesentlichen aus Erfahrungswissen einzelner Kanoniere. Den Gelehrten, die über das Problem nachdenken, steht ihr Säulenheiliger Aristoteles im Wege, genauer: seine Idee der Bewegung: »Alles, was sich bewegt, muss von etwas bewegt werden.«[40] Dieses Grundgesetz der Bewegung deckt sich mit der Alltagserfahrung.

Kein Karren kommt voran, wenn man ihn nicht zieht, kein Mühlrad dreht sich, wenn er nicht vom fließenden Wasser angetrieben wird, und kein Mensch kann rennen, wenn seine Muskeln erschöpft sind. Aber was ist dann mit der Kanonenkugel oder schlichter mit einem geworfenen Stein? Sobald das Wurfobjekt den Lauf beziehungsweise die Hand verlassen hat, gibt es nichts mehr, was es bewegt. Insofern müsste es nach herrschender Lehrmeinung des Aristoteles sogleich nach dem Aus- oder Abwurf zum Stillstand kommen und zu Boden fallen. Die Praxis sieht jedoch anders aus.

Im Mittelalter bemüht man sich, die Theorie des Aristoteles durch die Idee des Impetus zu retten. Demnach prägt sich dem Körper, sobald er bewegt wird, eine Kraft ein, eben jener Impetus. Je schwerer der Körper, umso größer ist er. Je größer der Impetus, umso höher die Wucht der Bewegung. Allerdings verbraucht sich der Impetus mit der Zeit. Er erschlafft, und die Kanonenkugel oder der Stein fällt zu Boden. Die Flugbahn wird von den ersten Ballistikern auf dieser theoretischen Grundlage in drei Abschnitte unterteilt. Verlässt die Kugel das Kanonenrohr, so fliegt sie eine gewisse Strecke strikt geradeaus. Während der Erschöpfungsphase des Impetus krümmt sich die Flugbahn. Ist er gänzlich verbraucht, fällt die Kugel senkrecht zur Erde.

Hier zeigt sich Leonardo als Kind seiner Zeit. Das verwundert schon etwas, verfügt er doch über eine unbestechliche Beobachtungsgabe, die oft genug weder von herrschenden Anschauungen noch von zeitgenössischen Theorien korrumpierbar scheint. Anders in Fragen der Ballistik. Leonardo folgt trotz der gut zu beobachtenden Realität der gebogenen Flugbahn der Auffassung der Impetustheorie und zeich-

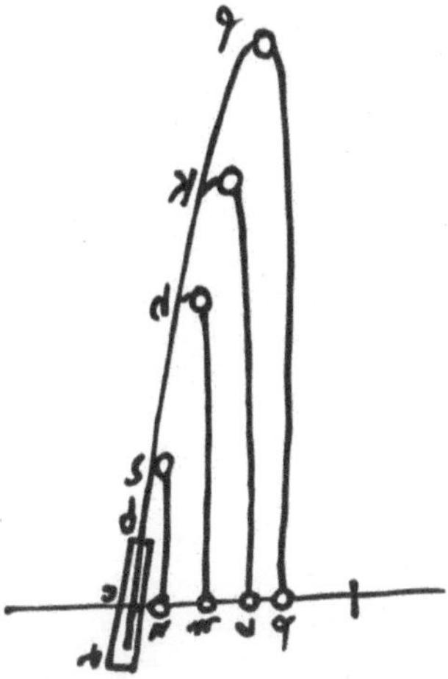

net tatsächlich zwei gerade Strecken und einen Wendepunkt[41] anstelle einer sich stetig krümmenden Parabel.

Hätte sich ein Mann mit den Wahrnehmungsfähigkeiten eines Leonardo auf den bloßen Augenschein verlassen, wäre er in der Lage gewesen, eine gewaltige Entdeckung zu machen und mit etwas Konsequenz nicht nur die Ballistik als Wissenschaft zu begründen, sondern auch Galilei und letztlich sogar Newton vorwegzunehmen. Denn letztlich kann sogar die fundamentale Theorie der stetig wirkenden Schwerkraft über die parabelförmige Krümmung der Flugbahn entschlüsselt werden. Offensichtlich bleibt Leonardo dieser Horizont verschlossen, weil er für seine Aufzeichnungen zu den Kriegsgeräten nicht in die Praxis geht, sondern lediglich aus den Büchern seiner Zeit kopiert. Dort aber findet er auf ballistischem Gebiet vorwiegend Wissen, das noch dem Mittelalter entstammt.

Die grundsätzliche Beziehung zwischen Anstellwinkel des Geschosses und Flugweite der Kugel muss Leonardo jedoch auch ohne Experimente klar gewesen sein. Zumindest skizziert er im Codex Atlanticus drei unterschiedliche Systeme zur Lageveränderung von Kanonen.[42] Bei der ersten Lösung soll der Schusswinkel offensichtlich mithilfe eines Stabes variiert werden, den der Schütze zwischen das starre

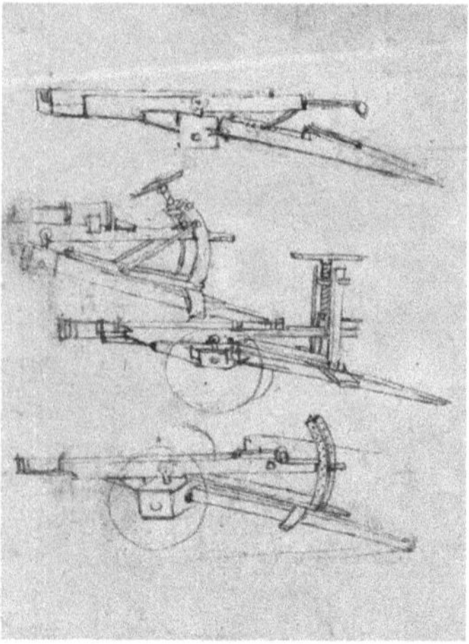

Unterteil und eine beweglich gelagerte Zahnstange schiebt, auf der die Kanone montiert ist. Je weiter der Stab ans Ende der Kanone verschoben wird, desto steiler kann sie schießen. Bei der Wucht des Abschusses sicherlich keine sonderlich praktikable Lösung, da die Kanone nicht fixiert werden kann und im Moment der Explosion verreißt und höchstwahrscheinlich ihr Ziel verfehlt. Im ungünstigsten Fall könnte sich der hintere Teil der Kanone sogar in die Höhe heben, und die Kugel würde unmittelbar vor der Kanone einschlagen, anstatt in Richtung Feind zu fliegen. Das zweite Prinzip wird anscheinend mithilfe einer Kurbel umgesetzt, die den Winkel des Kanonenrohrs stufenlos einzustellen erlaubt. Wie der Mechanismus allerdings im Einzelnen funktionieren soll, verrät die Zeichnung nicht. Vielleicht ist die Kurbel mit einer Art Schraubwinde verbunden, die eine Höhenverstellung der Kanone ermöglicht. Am überzeugendsten wirkt der dritte Vorschlag, nämlich die Verstellung mit Stiften zu bewerkstelligen, die in zwei Lochleisten justiert werden. So bekommt die Kanone in jeder Lage einen sicheren Halt. Außerdem kann die Veränderung des Anstellwinkels rasch vollzogen werden.

Allerdings stammt weder die Idee dazu von Leonardo, noch ist der entsprechende Mechanismus von ihm erfunden

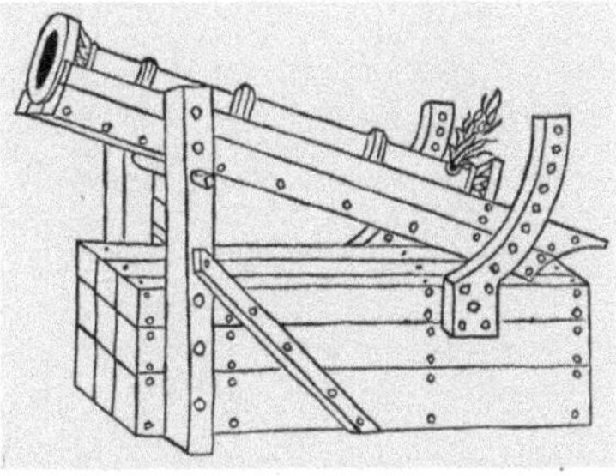

worden. Letzterer findet sich bereits in Valturios Werk *De re militari*, aus dem Leonardo reichlich kopiert. Zwar ist die Perspektive dort wiederum nicht annähernd so gut gelungen wie in Leonardos Zeichnung, dafür aber gestattet Valturios Konstruktion eine wesentlich steilere Stellung der Kanone, was beim Beschuss hoher Festungsmauern zum Vorteil gereichen sollte.[43]

Leonardo beschäftigt sich auch mit dem Guss von Kanonenrohren. Damit widmet er sich einem im 15. Jahrhundert nachhaltig bearbeiteten Feld. Die ersten Kanonen im 14. Jahrhundert werden noch geschmiedet. Dazu biegt man einzelne Eisenplatten um einen Dorn und schweißt die so entstandenen Ringe zusammen. Um die Nahtstellen zwischen den einzelnen Segmenten abzudichten, verwenden die Geschützbauer Eisenbänder, wodurch die Rohre ihr charakteristisches Aussehen erhalten. Zum Schießen werden Steinkugeln verwendet. Allerdings sind die Seelen der Kanonen aufgrund der Herstellungsmethode uneben, und die Passgenauigkeit der Munition lässt zu wünschen übrig. In der Mitte des 15. Jahrhunderts gehen die Konstrukteure zum Guss von Kanonen über. Sie können sich dabei auf die Erfahrungen der Glockengießer stützen. Die bevorzugten Materialien der Rohre sind Kupfer und Eisen. Zudem werden nun auch Kanonenkugeln gegossen, »deren einheitliche Maße ein fast drei Mal so gutes Ergebnis brachten«[44] wie die Steingeschosse.

Leonardo lernt das Verfahren der Metallverarbeitung bereits während seiner Ausbildung in der Werkstatt von Verrocchio kennen, da dort das Gießen von Skulpturen zum täglichen Handwerk gehört. So finden sich in seinen Tagebüchern mehrere Notizen zur Erzgießerei, die von praktischer Beschäftigung mit dem Thema zeugen. Etwa wenn er rät, einen Teil des Metalls im Tiegel zu legieren, »und es wird durch seinen Schmelzfluss zum Schmelzen des Kupfers beitragen«[45]. Auch zur Säuberung und Glättung des Metalls gibt er Hinweise, und vom Holz, das zum Heizen des Schmelzofens benutzt werden soll, hat er ebenfalls feste Vorstellungen. Junge Weiden müssen es sein, notfalls, so Leonardo, »musst du Erlenholz nehmen, und jedenfalls soll es jung und gut getrocknet sein«[46]. Insofern besitzt seine Ankündigung, zu Ehren des Vaters von Ludovico Sforza ein gewaltiges Reiterstandbild aus Bronze anzufertigen, einen realen Hintergrund. Leonardo beschäftigt sich in den ersten Jahren am Mailänder Hof sehr ernsthaft mit diesem Vorhaben und plant bereits einzelne Schritte: »Nachdem du die Form auf dem Pferd gemacht hast, musst du die Dicke des Metalls in Lehm machen.«[47] Auch ermahnt er sich: »Um die große Form handhaben zu können, mache ein Modell von der kleinen Form.«[48] In seinen Skizzen[49] legt er größten Wert auf das Pferd, weniger Interesse hat er am Reiter.

Wie so viele andere Projekte bringt Leonardo auch das Reiterdenkmal für Francesco Sforza nicht zu Ende. Dafür zeichnet jedoch nicht nur sein unstetes Wesen verantwortlich. Auch die äußeren Umstände entwickeln sich ungünstig. Als der Herzog beschließt, seine Artillerie aufzurüsten, sind die technologisch fortschrittlichsten Waffenschmiede in Ferrara bereits dazu übergegangen, ihre Kanonen aus Bronze herzustellen, weil dieses Material bessere Gießeigenschaften besitzt als reines Kupfer oder Eisen. Der Schusskanal wird ebenmäßiger, und die Geschosse erreichen eine höhere Austrittsgeschwindigkeit. Außerdem können die Kugeln mit größerer Präzision abgefeuert werden. Ludovico stellt die Bronzevorräte des Herzogtums für seine Kanonen zur Verfügung. Darunter befinden sich auch jene 75 Tonnen, die eigentlich für das geplante Reiterdenkmal reserviert waren. So wird Leonardo doppelt bestraft. Il Moro beauftragt ihn nicht nur nicht mit der Herstellung der benötigten Kanonen, sondern entzieht ihm mit dem Material zugleich auch den Auftrag für das Standbild.

Doch diese Demütigung hat noch eine weitere Dimension. Als sich Ludovico um 1484 entschließt, das Standbild anfertigen zu lassen, gehört Leonardo überhaupt nicht zum Kreise derer, die er mit der Aufgabe betrauen möchte. Stattdessen schreibt er nach Florenz an Lorenzo de' Medici, ob er ihm nicht einen Bildhauer empfehlen könne, der ein solches Werk auszuführen in der Lage wäre. Erst nachdem Leonardos Lehrer Verrocchio und der angesehene Florentiner Bildhauer Antonio Pollaiuolo (1431–1498) mit Verweis auf ihre ohnehin schon überfüllten Auftragsbücher absagen, bekommt Leonardo den Zuschlag. Ross King resümiert den Vorgang so: »Leonardo erhielt den Auftrag also aus Mangel an anderen Kandidaten, und zwar wahrscheinlich schon bald, nachdem Lorenzos Antwort in Mailand eingegangen war.«[50] Das Denkmal soll mit über sieben Metern Höhe wahrhaft gigantische Ausmaße bekommen. Nachdem sich Leonardo knapp zehn Jahre mit der Ausführung beschäftigt, lässt Ludovico 1494 das Material, aus dem das Kunstwerk entstehen soll, nach Ferrara abtransportieren und drei Kanonen daraus gießen. Die Aufsicht über die Herstellung des Kriegsgeräts bekommt Leonardo auch nicht. Diese Entscheidung fällt Ludovico allerdings nicht aus Feingefühl, sondern weil sich mit einem gewissen Maestro Zanin die personifizierte Kompetenz in Kanonenfragen der Sache annimmt.

Vor diesem Hintergrund ist Leonardos Empörung nun natürlich enorm. Auch er hat seine Studien über das Gießen von Kanonen betrieben. Seine im gewohnt eigenwilligen Stil gehaltenen Notizen zeugen von intensiver Beschäftigung, etwa wenn er festhält, dass man für das Brett, in das man vor dem Gießen die Form der Kanone einprägt, unbedingt Birnenholz nehmen muss, das mit Talg behandelt wird. »Wenn du es mit Talg behandelst, dann poliere die betreffende Fläche mit einem Schweinezahn, damit sie fest wird.«[51] Auch gibt Leonardo Berechnungsregeln für die Ermittlung der notwendigen Dicke der Bombarde an. Die soll ein Sechstel des Durchmessers der Kugel betragen, wenn diese 600 Pfund wiegt, »und weiter hinten sei sie immer halb so groß«[52]. Bei 700 Pfund Kugelgewicht kommt Leonardo auf eine Wanddicke von einem Siebtel, bei 800 auf ein Achtel. Wie er zu diesen Proportionen kommt, verrät Leonardo nicht, und so bleibt auch unerklärt, warum er bei 900 Pfund ebenfalls ein Achtel und bei 1000 Pfund ein Neuntel vorschlägt.

Leonardo setzt ein Schreiben an seinen Gönner auf, in dem er sich Luft macht. Von dem Brief ist leider nur eine in der Mitte durchgerissene Seite erhalten. Darüber, ob er ihn tatsächlich an il Moro abgeschickt hat, gibt es keine sicheren Indizien. Die erhaltenen Satzfetzen lassen die tief sitzende Verstörung Leonardos ahnen. »Und wenn Sie mir noch irgendeinen Auftrag geben zum Lohn für meine Dienste …«[53] Leonardo schwankt zwischen Etikette und Zynismus. »Ew. Gnaden an meine kleinen Angelegenheiten zu erinnern, und ich hätte Schweigen darüber walten lassen …«[54] Er schreckt letztlich auch nicht vor Vorwürfen zurück. »Ew. Gnaden, dass ich den Sold für zwei Jahre noch zu bekommen habe …«, »… da man mir nicht mitgeteilt hat, woran ich bin.«[55] Und Leonardo klagt: »… rühmliche Werke, womit ich denen, die da kommen werden, zeigen könnte, wer ich gewesen bin; aber ich weiß nicht, wo ich meine Arbeit anwenden könnte …«[56] Den Stein des Anstoßes erwähnt Leonardo schließlich nur unter der Hand an. »Von dem Pferd will ich nicht sprechen, denn ich kenne die Zeiten …«[57]

Der Panzer oder 1500 Pferde für den Antrieb

Um 1485 skizziert Leonardo einen Panzerwagen, der mit so hoher Geschwindigkeit auf dem Schlachtfeld unterwegs ist, dass er Staubwolken aufwirbelt. Die Dynamik wird im Bild durch leichte Schraffierungen in Richtung der rasenden Fahrt noch verstärkt (siehe S. 206). Leonardo konzipiert seinen Panzerwagen als ein kreisrundes, spitz nach oben zulaufendes Gefährt, das ein wenig an eine überdimensionale Schüssel mit Deckel erinnert. Am unteren Rand sieht man in gleichmäßigen Abständen die Mündungen dünner Kanonenrohre, die den Panzer in alle Richtungen schussbereit machen sollen. »Dieser [gedeckte Wagen] ist wohl geeignet, die Reihen zu durchbrechen, aber er braucht auch Gefolge«[58], notiert Leonardo. Als Besatzung empfiehlt er acht Männer. Sie »werden schießen, und dieselben werden auch mit dem Wagen wenden und den Feind verfolgen«[59]. Der Panzer soll offensichtlich auf Rädern laufen, allerdings kann man sie in Leonardos Zeichnung nur erahnen. Aufschlussreicher ist diesbezüglich eine Skizze, die sich auf demselben Blatt befindet. Hier gestattet Leonardo einen Blick ins Innenleben seines Kriegswagens. Zwar ist die Grundfläche nun nicht mehr rund, sondern oval, aber aufgrund derselben Holzstruktur kann man davon ausgehen, dass es sich um das Fahrgestell seines Panzers handeln soll. Die vier

Räder sind auf dieser Zeichnung deutlich zu sehen. Am oberen Rand haben sie in akkurat gleichen Abständen Löcher, in denen möglicherweise Noppen sitzen sollen. Offensichtlich plant Leonardo den Antrieb über zwei sich gegenüberliegende Kurbelwellen, die von den Panzerfahrern mit der Hand bedient werden sollen. Ähnlich wie bei seinem Schaufelradboot (siehe S. 72) treiben die Kurbeln je eine Trommel an, deren querliegende Hölzer die Noppen ergreifen und so das Rad drehen. Eine Kurbel bewegt dabei jeweils das Vorder- und das Hinterrad einer Seite, sodass eine Lenkung des Panzers durch die Variation der Geschwindigkeit auf der linken beziehungsweise rechten Seite möglich scheint. Bei synchroner Kurbelbewegung sollte sich das Gefährt im Idealfall geradeaus fortbewegen. Durch die zu erwartenden Unebenheiten des Schlachtfeldes allerdings steht eher eine Fahrt in Schlangenlinien zu befürchten.

Dessen ungeachtet wird sich der Panzer jedoch überhaupt nicht bewegen, weil Leonardo derselbe Denkfehler unterläuft wie bei seinem Schaufelradboot. Die Kurbelwellen treiben die beiden Trommelräder auf derselben Seite vorn und hinten an. Somit bewegen sie sich jeweils in dieselbe Richtung. Da die Trommeln ihrerseits am hinteren Teil des vorderen sowie am vorderen Teil des hinteren Rades angreifen, drehen sie die Räder jedoch in entgegengesetzter Richtung. Das bedeutet absoluten Stillstand, im schlimmsten Fall sogar einen durch das Brechen der Noppen oder der einzelnen Stangen der Trommeln verursachten Getriebeschaden. Der von Leonardo entworfene Panzer wird also weder Reihen durchbrechen noch den Feind verfolgen können.

Aber sollte man nicht Nachsicht mit dem Visionär walten lassen? Wenn jemand überhaupt erst einmal die Idee einer Neuerung in die Welt setzt, kann sie fehlerhaft und unausführbar sein, wie sie mag. Kommende Generationen werden sich daran abarbeiten und Lösungen finden. Schließlich wurde Rom nicht an einem Tag erbaut, ebenso wenig wie das Flugzeug oder das Radio. Niemand würde Leonardo den Ruhm streitig machen, der Technikgeschichte die Vision des Panzers eingepflanzt zu haben, wenn es denn seine Vision gewesen wäre. Doch bereits in der Antike gab es Streitwagen, die den Insassen Schutz gegen Beschuss aller Art gewährten und ihnen ermöglichten, in mörderischer Absicht die feindlichen Reihen zu teilen. Die konkrete Idee eines Panzers, der sich mithilfe von Handkurbeln fortbewegt, taucht ebenfalls lange vor Leonardo auf. Bereits der italienische Leibarzt und Erfinder Guido da Vigevano schlägt in einem mittlerweile in der französischen Nationalbibliothek liegenden Traktat über den Krieg diese Antriebsart vor. Aus seiner Feder stammt eine noch komplett auf jegliche Perspektive verzichtende Zeichnung, auf der die Kurbeln gut zu sehen sind.

Die Direktoren des Mailänder Leonardo3-Museums korrigieren Leonardos Fehler in ihrem computergenerierten Modell stillschweigend, indem sie die Trommeln jeweils am hinteren Teil der Räder platzieren.[60] So könnte der Panzer wenigstens von der Stelle kommen. Die BBC wird 2002 in einer Fernsehdokumentation behaupten, dass Leonardo absichtlich kleine Konstruktionsfehler in die Entwürfe seiner Kriegsmaschinen einbaut, um deren Realisierung zu verhindern. Diese Behauptung, die im Pazifismus von Leonardo gründet, steht allerdings auf tönernen Füßen. Denn es ist wenig einsichtig, warum ein hypothetisch mit der Ausführung des Entwurfs beauftragter Mechaniker zu Leonardos Zeiten nicht mit einem Blick auf die Skizze das Problem der Antriebsmechanik erkannt und beispielsweise durch die gerade erwähnte Umlegung der Trommeln, die Mario Taddei und Edoardo Zanon in ihrem Modell praktizieren, Abhilfe geschaffen haben sollte. Außerdem stellt sich die Frage, warum Leonardo, sollte er den Fehler tatsächlich bewusst eingefügt haben, derselbe Lapsus auch beim Getriebe seines Schaufelradboots unterläuft, obwohl das ausdrücklich für zivile Zwecke konzipiert ist?

Auch Charles Gibbs-Smith stimmt in den Chor jener ein, die Leonardos Fehlern einen höheren Sinn beimessen. In seinem Buch *Die Erfindungen von Leonardo da Vinci* klingt das so: »Man wird nie erfahren, ob Leonardo aus Gewissensgründen diesen Fehler absichtlich machte oder ob er verhindern wollte, dass der Gegner sich das Projekt zunutze machte.«[61] Dieser orakelnden Aussage ist anzumerken, dass sie weniger von der Suche nach Erkenntnis als vielmehr vom unbedingten Festhalten am Geniekult getragen wird. Selbst offensichtliche Fehler versucht Gibbs-Smith noch als Argumente für Leonardos epochalen Geist zu rekrutieren: Das Genie Leonardo entwirft fürchterlichstes Kriegsgerät, baut jedoch aus ethischen Gründen Fehler ein. In diesem Fall drängt sich indes die Frage auf, warum Leonardo dann überhaupt erst Kriegsgerät konzipiert, läuft er so doch zumindest prinzipiell Gefahr, dass jemand die Fehler des genialen Erfinders entdeckt, behebt und mit diesen Vernichtungsmaschinen grausamste Massenmorde auf dem Feld der Ehre initiiert?

Viel näher liegt eine andere Erklärung. Leonardo wird von der Lektüre der einschlägigen Literatur über die Kriegsmaschinen seiner Zeit zu eigenen Zeichnungen angeregt. Er eignet sich die von seinen Vorgängern und Zeitgenossen dargestellten und beschriebenen Geräte an, indem er sie nach allen Regeln der Perspektive nachmalt. Dabei kommen ihm hin und wieder Ideen für Veränderungen, die er sogleich in seinen Notizbüchern festhält. Leonardos Neugier und sein Bemühen um zeichnerische Präzision übersteigen dabei bei Weitem sein Interesse an praktischer Anwendbarkeit. Letzteres ist bei genauerem Hinsehen überhaupt nicht vorhanden. Das zeigt allein schon die Idee für den Antrieb. Wie sollen zwei von Hand zu bedienende Kurbeln genügen, um den massiven Panzer mitsamt Kanonenrohren und acht Männern fortzubewegen? Um die Unmöglichkeit dieses Unterfangens zu sehen, braucht es weder Berechnungen noch Experimente. Allein der gesunde Menschenverstand legt nahe, dass es sich bei Leonardos Kurbelantrieb um eine ästhetische und nicht um eine technische Lösung handelt. Für die praktische Anwendung erweist sich sein Entwurf eines Panzers als vollkommen unbrauchbar. Insofern preist sich Leonardo in seinem Brief an Ludovico Sforza im Stile eines modernen Bewerbungsschreibens an. So übertreibt er maßlos, wenn er verspricht, Panzer zu bauen, »die mit ihren Geschützen durch die Reihen des Feindes fahren und jeden noch so großen Haufen von Bewaffneten zersprengen werden«[62].

Bei den Ingenieuren, deren Vorlagen Leonardo kopiert, finden sich jedoch noch durchaus originellere Ideen, auf welche Weise sich ein gedeckter Wagen im Feld bewegen könnte. So skizziert Taccola in der ersten Hälfte des 15. Jahrhunderts einen Panzer mit Windmühlenantrieb[63]. Im Getriebe dieses Entwurfs tauchen zudem die von Leonardo in seinen Zeichnungen verwendeten Trommeln sowie die Noppenringe auf, mit

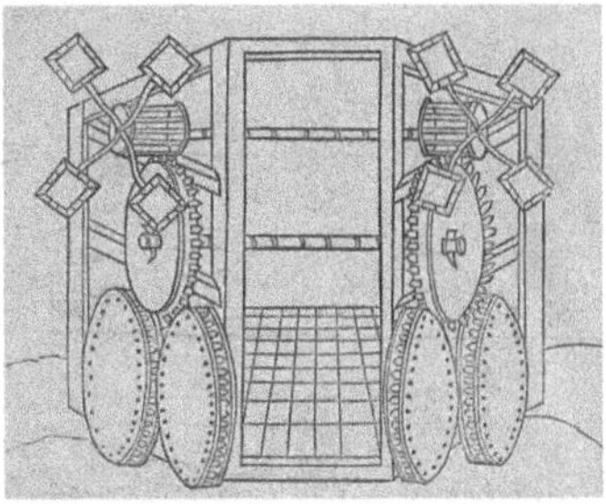

deren Hilfe der Drehimpuls auf die Räder übertragen wird. Taccola wählt hier eine Lösung, die im Grunde funktioniert. Zumindest drehen sich die Vorder- und Hinterräder, anders als bei Leonardo, in dieselbe Richtung, sobald die Noppen des Schwungrads in die dafür vorgesehenen Rippen greifen. Probleme wird es eher auf der obersten Ebene geben. Taccola verbindet die Windmühlenflügel über eine Stange, wodurch er zwar eine Synchronisierung der Antriebskraft erreicht, die Drehimpulse allerdings heben sich bei den meisten Windrichtungen wechselseitig auf. Bemerkenswert ist in jedem Fall, dass Taccolas Entwurf ohne den später von Leonardo immer wieder vorprogrammierten Getriebeschaden auskommt.

Roberto Valturio übernimmt den Panzer von Taccola in seine Schrift über die Kriegskunst, und Leonardo bedient sich frei der Entwürfe seiner Vorgänger. Sein Panzer kombiniert den Handkurbelantrieb Vigevanos mit den Getriebeteilen Taccolas und Valturios zu einem funktionsuntüchtigen Gefährt. Darüber, wie die Kanonen von der achtköpfigen Besatzung zu bedienen seien, gibt er keine Auskunft. Er hat die Männer auch auf keiner seiner Skizzen verewigt, ebenso wenig die Kanonen selbst.

Eher abwegig erscheint ein anderer Vorschlag Leonardos: In der betreffenden Skizze[64] erkennt man seinen Panzer nur von der charakteristischen Form und nicht vom Material her wieder. Er ist nämlich durchsichtig, sodass man ins Innere des Kampfwagens blicken kann. Der rauscht wiederum in hohem Tempo vorüber. Dieser Effekt wird durch einige wenige Schraffurstriche erzeugt und durch eine zweite räumlich nur wenig versetzte Panzerabbildung noch verstärkt. Leonardo baut hier auf die auch im Daumenkino benutzte Methode, um seinem Kriegswagen noch mehr Speed zu verleihen, als in seiner anderen Skizze, in der Staubwolken zur Visualisierung der Geschwindigkeit dienen. Für den forcierten Antrieb sind hier keine Handkurbeln verantwortlich, sondern zwei Pferde, die den Panzer im Galopp forttragen. Wie allerdings die Kraftübertragung vonstattengehen soll, bleibt unklar. Möglicherweise schwebt Leonardo eine Art Tretmühle vor, zumindest sieht man am Boden des Panzers angedeutete Räder. Doch ein entsprechender Mechanismus fehlt in der Zeichnung. Vielleicht sind die Räder auch nur vom Betrachter falsch interpretierte Unebenheiten, und die Pferde ziehen den Kampfwagen schlicht nach dem Prinzip der Kutsche, wobei sie allerdings nicht das dafür nötige Geschirr tragen. So steht zu vermuten, dass es wiederum nicht Leonardos Absicht ist, mit dieser Skizze Anspruch auf eine technische Erfindung zu erheben. Ihn reizt vermutlich einfach nur die Darstellung hoher Geschwindigkeit in einem stehenden Bild. Dazu bedient er sich der schnellsten Antriebsart seiner Zeit und der ihm reichlich zur Verfügung stehenden zeichnerischen Raffinesse. Wirklich ernst gemeint kann Leonardos Vorschlag nicht sein, wenn man sich

Leonardo gibt allerdings keine Hinweise, wie der Spannmechanismus konkret funktionieren soll. Unklar bleibt, in welcher Stellung der Armbrust sich das Spannseil in den Bogen einhakt, und vor allem, wie es das tut. Ebenfalls ist fraglich, wie und wann es sich wieder aushakt, denn ohne diesen Vorgang kann kein Schuss ausgelöst werden. Zumindest schwierig erscheint die Arretierung des Rades durch den Schützen. Der recht unausgegoren wirkende Mechanismus verlangt, dass der Schütze das Holz geistesgegenwärtig im richtigen Moment nach vorn schiebt. Die darauffolgende ruckartige Stoppbewegung wird für die tretenden Jünglinge ebenso wie für ihn selbst gewöhnungsbedürftig sein. Doch wesentlich problematischer gestaltet sich, was darauf folgt und als der eigentliche Zweck der Übung gilt. Wenn der Schütze nun lediglich durch den kleinen Schlitz des Holzes zielen kann, ist sein Schussfeld extrem eingegrenzt. Auch kann er den Anstellwinkel seiner Armbrust nicht verändern. Sollte sich nach Behebung der anderen beschriebenen Mängel tatsächlich ein Dauerfeuer einstellen, so wird es lediglich einen eng umgrenzten Bereich treffen. Die auf diese Weise attackierten Feinde hätten keine Mühe, die Einschlagstelle zu meiden. Somit entbehrt die Behauptung, Leonardo hätte mit seiner schnellfeuernden Armbrust und den Orgelgeschützen das Maschinengewehr vorweggenommen, jeglicher realen Grundlage. Denn die entscheidenden Erfindungen, die zur wirksamen Automatisierung der Schussvorgänge führen, sind gerade auf dem Gebiet der Auslösung und Nachladung zu tätigen, das Leonardo in seinen Zeichnungen und Notizen nur ganz am Rande streift und zumeist völlig außer Acht lässt.

Ihn reizt die Darstellung des Gesamtbildes mehr als der einzelne Mechanismus. Das kann man auch sehr gut an seiner Riesenarmbrust studieren. Ihre »Bogenspannweite ist 42 Armlängen«[71], also 24 Meter. Leonardo versinnbildlicht die Dimensionen, indem er einen sich winzig ausnehmenden Schützen am Auslösemechanismus hantieren lässt. Dieses Arrangement beeindruckt zwar als Bild, wirkt aber ebenso wie seine Schnellfeuerarmbrüste im Zeitalter von Kanonen und ersten Handfeuerwaffen wie ein Relikt aus vergangenen Zeiten.

Auch die Erfindung des Maschinengewehrs lässt noch bis weit ins 19. Jahrhundert auf sich warten. Dazu braucht es keine fantasievollen Zeichnungen, sondern zwei knallharte Neuerungen im Kriegsgeschäft. Zum einen muss die Ladungsart verändert werden. Konkret steht der Abschied von den Vorderladern an, bei denen man ständig an der Mündung des Laufes herumhantiert, während doch eigentlich genau dort die Schüsse in rascher Folge herauskommen sollen. Nur ein von hinten zu ladendes Geschütz lohnt überhaupt den Gedanken an eine Automatisierung des Schussvorgangs. Allerdings kommt man an den hinteren Teil des Laufes schlecht heran, da er aufgrund der Explosion, mit deren Hilfe das Geschoss fortfliegt, nicht offen sein darf. So braucht es ein ausgeklügeltes Zündsystem, das der deutsche Unternehmer Johann Nikolaus von Dreyse (1787–1867) erfindet. Ihm gelingt es, Munition, Schwarzpulver und Zündmechanismus in die Patrone zu integrieren. So muss durch den Abzug der Waffe nur noch die Zündnadel in Bewegung gesetzt werden, die ihrerseits den Zündfunken auslöst. Daraufhin sprengt sich die Kugel aus der Patrone heraus und

Leonardos Schnellfeuerarmbrust[72]

fliegt durch den Lauf auf ihr Ziel zu. Die Militärs sind begeistert von dieser Erfindung. 1840 ergeht der Auftrag für die Massenproduktion, und 1849 kann die preußische Armee ihre Hinterlader bereits nutzen, um die Aufstände während der deutschen Revolution zusammenzuschießen.

Nun liegt die Erfindung des Maschinengewehrs in der Luft. 1883 meldet der Amerikaner Hiram Maxim (1840–1916) das Patent dazu an. Seine Idee ist so einfach wie wirkungsvoll. Er nutzt den durch den Schuss erzeugten Rückstoß, um die Patrone auszuwerfen und die neue zu laden. Zu diesem Zweck entwickelt er einen neuen Patronentyp auf der Grundlage des soeben erfundenen Nitroglyzerins. Die Zufuhr erfolgt über einen Munitionsgurt. Die Maxim Gun feuert 500 Schuss in der Minute und ersetzt damit etwa 100 herkömmliche Gewehre. Der britische Waffenexperte David Harding resümiert lakonisch: »Jetzt brauchen die Militärs nur noch herauszufinden, wie sich das Maschinengewehr taktisch am besten einsetzen lässt.«[73]

In dieser Hinsicht fehlt es dem Militär nie an Fantasie. Der Erste Weltkrieg wird zur Feuertaufe für das Maschinengewehr. Alle beteiligten Armeen setzen es ein. Wieder bekommt der Krieg ein neues Gesicht. Er verschwindet sozusagen von der Erdoberfläche, denn das neue technische Gerät verlangt nach Schützengräben. Die Soldaten stehen sich nun nicht mehr gegenüber, sondern graben sich ein. Zermürbende Stellungskämpfe und äußerst verlustreiche Sturmangriffe beherrschen das Bild, bis der Einsatz von Panzern abermals neue Strategien mit sich bringt. Bei den deutschen Truppen macht ein Maschinengewehr mit dem Namen »08/15« Karriere. Es stammt aus der Baureihe

MG 08 und wird im Jahr 1915 herausgebracht. Mit knapp 20 Kilo wiegt es nur die Hälfte sonstiger Maschinengewehre und kann daher von einem Soldaten getragen und bedient werden. Damit verliert das MG 08/15 den Status als besondere Waffe, und seine Typenbezeichnung steigt in der deutschen Sprache zum geflügelten Wort auf. Dass eine derartige Erfindung einmal zum Synonym für »nichts Besonderes« werden kann, hätte einen Renaissancemenschen wie Leonardo da Vinci sicherlich erstaunt.

Die friedfertige Dampfkanone

An dieser Stelle muss unbedingt erwähnt werden, dass Leonardo ebenfalls eine Art Hinterlademechanismus skizziert. Von heute aus betrachtet nimmt er sich zwar eher als ein Kuriosum der Waffen- und Technikgeschichte aus, doch die Idee scheint durchaus bedenkenswert. Leonardo ist fasziniert vom Wasserdampf und möchte herausbekommen, was es mit diesem merkwürdigen Element auf sich hat. Warum verhält es sich anders als Wasser, obwohl es doch aus Wasser entsteht und jederzeit wieder zu Wasser werden kann? Und obwohl Wasserdampf der Luft ähnelt, hat er völlig andere Eigenschaften. Luft kann komprimiert werden, aber mit Wasserdampf ist das schwieriger. Er scheint eine eigene Kraft zu besitzen, die ihn wild auseinanderfahren lässt. Wenn man ihn aus einer an einer Mittelachse aufgehängten Kugel durch zwei Austrittsrohre entweichen lässt, so beginnt sich diese Kugel zu drehen. Das hat bereits Heron von Alexandria (10–70 n. Chr.) erprobt. Doch warum sich seine »Kugel, die auf einem Zapfen rundläuft, wenn ein großer Kessel geheizt wird«[74], bewegt, konnte auch der von seinen Zeitgenossen »Mechanicus« gerufene Grieche nicht erklären. Leonardo kommt dem Geheimnis ebenso wenig näher, weiß aber um den Rückstoßeffekt des Wasserdampfs.

Um 1505, in seiner zweiten Florentiner Zeit, stellt Leonardo Versuche an, um zu ergründen, wie viel Wasserdampf aus einer bestimmten Menge Wasser entsteht. Dazu füllt er ein Gefäß mit Wasser, darüber »spannt er den Balg eines neugeborenen Kalbs, der durch den Wasserdampf aufgebläht werden soll, wenn der Boden des Gefäßes erhitzt wird«[75]. Leonardo hofft, auf diese Weise eine Relation zu ermitteln, doch sein Unterfangen scheitert. Der Balg des Kalbs taugt höchstwahrscheinlich nicht als Instrument, um signifikante Messdaten zu bekommen. Leonardo verfolgt die Sache nicht weiter.

Doch die Kraft des Dampfes hat es ihm angetan. So liegt der Gedanke nahe, ihn auch für Kanonen nutzbar zu machen. Leonardo skizziert eine Kanone, aus deren Mitte Rauch aufsteigt. Er nennt sie »architronio (Erzdonner)«[76]. Sie ist auf Rädern gelagert, besteht aus dünnem Kupfer, »und sie wirft Eisenkugeln mit lautem Krach und großer Gewalt«[77]. Der ungewöhnlich lange und schmale Lauf fällt auf. Frei stehend würde er die Kanone aus dem Gleichgewicht bringen, daher ist in der Nähe der Mündung ein Fuß angebracht, der für den Transport hochgeklappt werden kann. Am anderen Ende ruht die Kanone auf einer Deichsel. Über der Radachse sieht man eine Winde auf einem nach oben spitz zulaufenden Gefäß, das als Wasserbehälter dient. Die Funktion seines Erzdonners stellt sich Leonardo folgendermaßen vor: Zuerst soll ein kräftiges Kohlefeuer im dafür vorgesehenen Ofen direkt am Beginn des Kanonenlaufs angefacht werden. »Wenn er gut erhitzt ist, dann ziehe die Schraube an, die über dem Wasserbehälter *abc* ist.«[78] Die von Leonardo benannten Buchstaben fehlen zwar in der Skizze, die einzelnen Teile der Kanone können jedoch zweifelsfrei zugeordnet werden. Durch das Schrauben öffnet sich der Wasserbehälter, und das Wasser fließt in das vom Feuer erhitzte Rohr, wo auch die fortzuschießende Kugel liegt. Nun geschieht das, was jedem Koch als Anfängerfehler gilt. Wenn man der Versuchung nachgibt, eine aus Versehen überhitzte Pfanne unter kaltes Wasser zu halten, fährt einem der entstehende Wasserdampf mit unerwarteter Wucht ins Gesicht. Er explodiert geradezu. Diesen Effekt macht sich Leonardo für die Dampfkanone zunutze. In seinen Worten: »Dort verwandelt er sich nun in so viel Dampf, dass es wunderbar erscheint, zumal man seine Gewalt sieht und sein Getöse hört.«[79] Allerdings gibt es bei der Kanone für den Dampf, anders als bei der überhitzten Pfanne, nur einen einzigen Ausweg. Er kann lediglich in Richtung Mündung des Laufes entweichen, und das auch nur, wenn er die Kanonenkugel mitnimmt. Leonardo kommt ins Schwärmen: »Dieses Gerät warf eine Kugel, die ein Talent wog, 6 Stadien weit.«[80] Ein Talent entspricht einem Gewicht von knapp 30 Kilogramm, und die Maßeinheit des Stadions wird mit etwa 200 Metern umgerechnet. Der Architronio schießt also schwere Munition über einen Kilometer weit.

Diese präzisen Angaben könnten zu der Vermutung verleiten, dass »ein solches Geschütz tatsächlich gebaut wurde«[81]. Das steht allerdings sehr zu bezweifeln, wenn man sich die an Misserfolgen reiche Geschichte der Dampfkanonen anschaut. Näher liegt die Vermutung, dass Leonardo die Erzdonner-Kanone ebenfalls kopiert. Er gibt in diesem Fall sogar selbst den Hinweis darauf und bezeichnet den Architronio als »eine Erfindung von Archimedes«[82]. Schon der Name, den Leonardo dem Geschütz gibt, ist als Hommage an den griechischen Mathematiker und Ingenieur aus

Syrakus zu verstehen. Die zweite Silbe der Wortschöpfung übersetzt man aus dem Griechischen mit »verwunden«. So wäre der Architronio ein Wunden zufügendes Kriegsgerät des Archimedes.

Der italienische Geschichtsschreiber Francesco Petrarca (1304–1374) sammelt die Schriften antiker Autoren. In den Briefen des römischen Rhetorikers und Philosophen Marcus Tullius Cicero (106–43 v. Chr.) entdeckt er die Beschreibung der Dampfkanone des Archimedes und macht sie der Nachwelt zugänglich. Leonardo zeichnet sie dann als Erster nach. Er scheint tief beeindruckt von Archimedes. In seiner Bibliothek findet man nach seinem Tod insgesamt drei Manuskripte des griechischen Erfinders. Ausprobiert hat Leonardo den Architronio allerdings nicht. Das geschieht erst fünfhundert Jahre später, als nämlich der griechische Ingenieur und Archimedes-Experte Ioannis Sakas die Kanone von Archimedes *en miniature* im Maßstab von 1:5 nachbaut. Nachdem das Feuer den hinteren Teil des Laufs auf 400 Grad aufgeheizt hat, lässt Sakas gerade einmal sechs Gramm Wasser in die Zündkammer seines Modells ein. Als er den daraus entstehenden Dampf freigibt, wird ein etwa tennisballgroßer Stein erstaunliche 50 Meter weit geschleudert. Der Architronio kann also tatsächlich schießen. Leonardo hat allerdings keinen Anteil an dieser Erfindung. Aber immerhin beinhaltet seine Skizze der Dampfkanone des Archimedes alle für die Funktion wichtigen Teile.

Trotz des vergleichsweise geringen Aufwands, den man für den Einsatz der Dampfkanone betreiben muss, wird sie von den Militäringenieuren geradezu stiefmütterlich

Die Dampfkanone von Archimedes in einer Skizze von Leonardo, der sie »Architronio« tauft.[83]

behandelt. Mit einem geeigneten Mechanismus, der die Kugelnachladung regelt, hätte man auf Dampfbasis sogar Schnellfeuereinrichtungen konstruieren können, da die auf Betriebstemperatur gebrachte Kanone direkt nach Einlassen des Wassers schussbereit gewesen wäre. Doch bis zum 18. Jahrhundert fließt alle Erfinderenergie im Bereich der schweren Geschütze in Richtung der konventionellen, mit Schwarzpulver gezündeten Kanonen. Erst als der englische Eisenwarenhändler Thomas Newcomen (1663–1729) um 1712 eine Dampfmaschine baut, wendet sich das Blatt ein wenig. Wenn man mithilfe des Dampfes das in Bergwerke eindringende Grundwasser abzupumpen vermochte und Textilmaschinen antreiben konnte, warum sollte dann die Kraft nicht auch ausreichen, um Kanonenkugeln abzuschießen?

Der umtriebige französische Ingenieur Philippe Henri de Girard (1775–1845) versucht sich der Überlieferung zufolge an einer Dampfkanone. Nachdem er bereits verschiedene andere Erfindungen auf Basis der Dampfkraft verwirklicht hat, stellt er 1814 seiner nach den empfindlichen Niederlagen Napoleons bedrohten Wahlheimat Paris seine Wunderwaffe zur Verfügung. Für deren Einsatz gibt es jedoch keine Belege. Ähnlich verhält es sich bei der Dampfkanone des amerikanischen Goldschmieds Jacob Perkins (1766–1849). Anfänglich machen seine Experimente mit Dampfgeschossen Furore. Die *Allgemeine deutsche Real-Encyklopädie für die gebildeten Stände* von 1827 jubelt: »Der Amerikaner Perkins hat seit 1824 in England der Anwendung der Dämpfe nicht nur bei Maschinen und Schiffen, sondern auch bei Flinten und Kanonen eine verbesserte und erweiterte Einrichtung gegeben, deren Ausbildung zu den wichtigsten Resultaten führen kann.«[84] Von einer Dampfflinte ist weiterhin die Rede, die bis zu 500 Kugeln pro Minute abfeuern kann. Für seine große Dampfkanone kann Perkins auf einen Hochdruckkessel zurückgreifen, in dessen Inneren ein Druck von 1400 Atmosphären herrscht. Diese Kanone soll mit einem einzigen Pfund Kohle so viel Effekt zeitigen wie eine herkömmliche Kanone mit vier Pfund Schwarzpulver. Außerdem kann sie pro Zeiteinheit zehnmal so viele Kugeln abschießen. Einziger Wermutstropfen bei der Sache: »Bis 1825 war keine Maschine nach Perkins Methode im Großen ausgeführt.«[85] Dabei sollte es auch bleiben. Wahrscheinlich findet Perkins keine Geldgeber, die sich für seine Erfindung interessieren, denn die Resultate der Dampfgeschütze sind schlecht. Das Hauptproblem besteht in der zuverlässigen Erzeugung eines sich in der Druckkammer gleichmäßig verteilenden Dampfes. Nur in diesem Fall ist mit einer kalkulierbaren Schusswirkung zu rechnen. Neben der mangelnden Zielgenauigkeit gereicht die geringe Flexibilität zu einem weiteren gravierenden Nachteil. Denn nachdem man die Dampfkanone in Stellung gebracht hat, muss sie erst zeitaufwendig angeheizt werden, bevor sie ihre Schüsse abgeben kann. Genügend Gründe also für das Desinteresse der Militärs an dieser Technologie. Insofern erreicht die Dampfkanone in Leonardos Skizze den Gipfel ihrer Karriere und geht als eines der ganz wenigen Kriegsgeräte in die Geschichte ein, das keine Toten verursacht hat.

Sturmleitern oder wie man eine Festung sichert

Das Erstürmen von Festungen gehört zu Leonardos Zeiten zum Kriegsalltag. Mut und Geschick sind dabei ebenso gefragt wie technisches Know-how. Leonardo beschäftigt sich sowohl mit Hilfsmitteln für das Erklimmen von Mauern als auch für die Abwehr von Eindringlingen, womit er zumindest auf diesem Themenfeld seine in der Bewerbung an Ludovico Sforza niedergeschriebene Ankündigung einlöst, »Angriffs- und Verteidigungsmaschinen«[86] für den Kriegsfall zu entwerfen. Im Codex Atlanticus stellt er viele der damals gebräuchlichen Leiterformen zusammen und lässt seiner Fantasie freien Lauf, um weitere Details hinzuzufügen.[87]

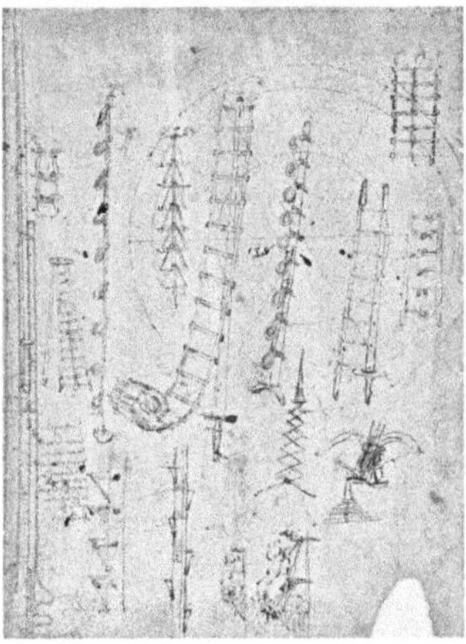

In der Gruppe der starren Leitern finden sich solche mit Haken am oberen Ende, die einen festen Halt an der Mauerkuppe ermöglichen. Auch Vorrichtungen zur Höhenveränderung sind zu erkennen, was bei den verschieden hohen Festungsmauern sehr nützlich sein kann. Leiterstufen, die nicht aus Holz, sondern Seil gefertigt und in der Mitte geknotet sind, sollen dem Angreifer möglicherweise festeren Stand bei den zu erwartenden Kämpfen mit den Verteidigern geben. Einen ähnlichen Hintergrund könnten zwei lange Pfähle haben. Der eine ist mit Schlaufen versehen, der andere mit Klettereisen. Originell wirkt eine Leiter, die zugleich auch das Potenzial zur Waffe besitzt. Ausgestattet mit einer langen Spitze, ist sie nach dem Prinzip der Ziehharmonika auf unterschiedliche Höhen auszufahren. Am äußeren linken Rand der Skizze zeichnet Leonardo noch eine selbststehende Leiter.

Im Zentrum des Bildes fängt er meisterhaft eine Strickleiter während des Ausrollvorgangs ein. Über zwei Haken kann sie am Mauersims Halt finden und dann mit Seilen befestigt werden. Ein Seil mit Schlaufen kann bei unebenen Mauerflächen Verwendung finden, während eine Konstruktion mit dreieckigen Steighilfen stabilen Stand verspricht. Für den Angriff auf eine Festung skizziert Leonardo noch eine weitere Steighilfe, die der heutigen Feuerwehrleiter nahekommt. Sie soll durch das Einfügen mehrerer Segmente in der Höhe verstellt werden. Außerdem kann man ihren Neigungswinkel sowie die Richtung, in die sie weist, verändern. Details über den Mechanismus, der dies bewirken soll, verrät Leonardo jedoch nicht.

Zur Verteidigung vor Angreifern notiert Leonardo erst einmal einen wenig originellen Vorschlag. Wenn es sich nämlich um eine Bergfestung handelt, soll man »Fässer nehmen und sie mit Erde füllen«[88]. Sobald die Feinde kommen, lässt man sie den Hang hinunterrollen, »so werden sie dem, der sie losgelassen hat, einen großen Dienst leisten«[89]. Im Codex Atlanticus hingegen findet sich eine beeindruckende

Skizze einer Festungsmauer, die Leonardo zwischen 1482 und 1485 anfertigt. Er zeichnet zwar die feindlichen Leitern, verzichtet aber auf die kletternden Angreifer, weshalb man die Szene mit gutem Recht als Manöver sehen kann, in dem die von Leonardo entworfenen Abwehrgeräte erprobt werden. Das hat einen Sinn, denn offensichtlich konkurrieren hier zwei Auslösemechanismen für denselben Vorgang miteinander. Es geht darum, einen an der Außenmauer liegenden Querbalken so weit herauszuschieben, dass die feindlichen Anstellleitern aus dem Gleichgewicht geraten und umfallen. Dieser Effekt wird nun einerseits von drei nicht oder wenig bekleideten Kriegern bewirkt, die den nach dem Hebelprinzip konzipierten Schiebemechanismus mithilfe eines Seils betätigen. Daneben erbringt ein einziger Mann durch Betätigen einer Seilwinde dieselbe Leistung.

Ein winziges Detail erzeugt Spannung auf der Szenerie. Bei genauer Betrachtung erschließt sich, dass der Krieger an der Seilwinde zu den drei anderen hinüberschaut. So suggeriert Leonardo, dass er mit ihnen im Wettstreit steht. Wer wird ihn gewinnen? Ein weiteres belebendes Moment hat Leonardo direkt an der Mauer organisiert. Dort beobachtet ein Späher an einem Fenster, wie die feindlichen Leitern aufgebaut werden. Wahrscheinlich wird er das Kommando zum Ausfahren und Einholen des Querbalkens geben, sodass »die Sturmleitern und die Ersteiger fallen«[90]. Leonardo versteht es meisterhaft, aus einer Zeichnung, in der es lediglich um die Darstellung eines speziellen Mechanismus zu gehen scheint, ein bewegtes Kunstwerk zu machen. So hebt er sich ein Mal mehr nicht durch sein technisches,

Vorrichtung zur Abwehr von Sturmleitern[91]

als vielmehr durch sein zeichnerisches Vermögen von den Ingenieuren seiner Zeit ab.

Es existieren keine Hinweise darauf, dass Leonardos Abwehrvorrichtung jemals gebaut und angewendet wird. Das muss allerdings nicht unbedingt ein Zeichen der Missachtung seiner Zeitgenossen sein. Der Grund könnte viel eher in den sich rasch wandelnden Anforderungen an den Festungsbau liegen. Durch den zunehmenden Einsatz von Kanonen im Krieg verändert sich der Charakter der Bedrohung völlig. Einerseits gilt es nun, die Mauern gegen den Einschlag von Kugeln zu schützen, andererseits muss eine Burg zugleich auch selbst über Geschütze verfügen, um sich wirkungsvoll verteidigen zu können. Somit erweisen sich die hohen mittelalterlichen Mauern zunehmend als ungeeignet. Nicht mehr die Höhe des Schutzwalls bietet Sicherheit, sondern die Dicke der Mauern. Denn nun fürchtet man weniger die todesmutigen, flinken Kletterer als vielmehr die Wucht der Geschosse.

Leonardo zeichnet um 1508 eine Festung, die von seiner Auseinandersetzung mit den neuen Bedingungen zeugt.[92] Zu dieser Zeit ist er abermals in Mailand angestellt. Nun allerdings nicht mehr bei Ludovico Sforza, der in diesem Jahr in der Haft auf der Burg Loches stirbt (siehe S. 174). Zum »ingénieur ordinaire« ernannt, steht Leonardo nun in Diensten der Franzosen. Wahrscheinlich legt der 56-Jährige den Entwurf seinen neuen Arbeitgebern vor. Ausgeführt wird er nicht. Interessant an Leonardos Festung sind neben den dicken Mauern, die Schutz vor den Kanonenkugeln bieten sollen, auch die angeschrägten Wände, die demselben Ziel dienen. Wenn die Geschosse nicht frontal im rechten

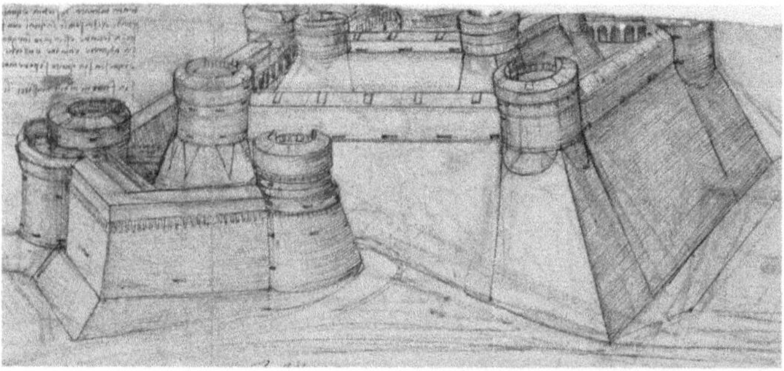

Winkel, sondern nur schräg einschlagen können, verlieren sie einiges von ihrer Wucht. Die Kanonenkugel richtet daher weniger Schaden an als an den klassischen senkrecht stehenden Mauern.

Leonardo muss von der Uneinnehmbarkeit seiner Festung sehr überzeugt sein, da er sogar auf einen schützenden Burggraben verzichtet. Offensichtlich sollen potenzielle Angreifer allein von der Architektur derart eingeschüchtert werden, dass sie sogleich das Weite suchen. Ob das Fehlen großer Plattformen zum Aufstellen von Kanonen ebenfalls auf diese leichte Hybris zurückzuführen ist, kann nicht mit Sicherheit gesagt werden, es fällt jedoch auf. Zur aktiven Verteidigung der Festung sind in Leonardos Zeichnung lediglich die traditionellen Schießscharten vorgesehen, aus denen mit Armbrüsten und unter Umständen auch mit ersten Handfeuerwaffen geschossen werden kann. So zeigt Leonardos Festung zwar erste Reaktionen auf die sich verändernde Art der Kriegsführung, bleibt insgesamt jedoch hinter anderen Entwürfen seiner Zeit zurück. Das Standardwerk zu Beginn des 16. Jahrhunderts in diesen Fragen ist Francesco di Giorgio Martinis *Trattato di architettura civile e militare.*

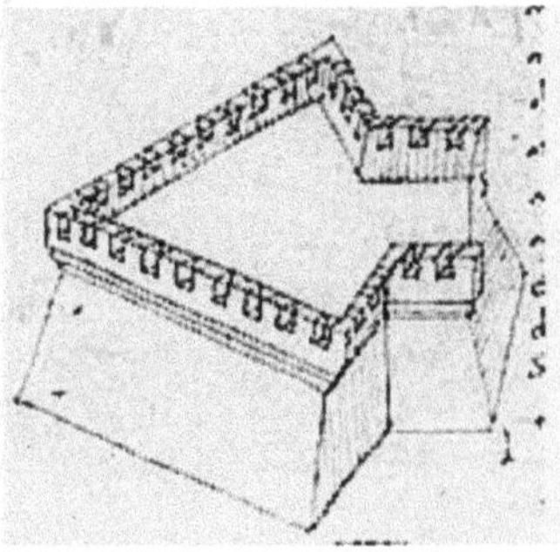

Leonardo besitzt ein Exemplar und lässt sich reichlich davon inspirieren. Es gibt so viele Kommentare von ihm in diesem Werk, dass man sogar längere Zeit annahm, Leonardo selbst habe es verfasst. Schaut man sich die Entwürfe für Festungen in den Traktaten zur Architektur von di Giorgio an, erscheint Leonardos Vorschlag wenig originell. Die dicken Mauern findet man hier reichlich[93]. Der Effekt, den Kugeln durch angeschrägte Wände etwas von ihrer Wucht zu nehmen, wird bei di Giorgio durch den konvexen Grundriss zusätzlich verstärkt. Anders als Leonardo sieht jener auch einen größeren Platz hinter dem Schutzwall vor, der bestens geeignet ist, um die Kanonen aufzubauen. Leonardo hingegen verliert genau diesen neuen Standard für die Verteidigung der Burg aus dem Auge. Wahrscheinlich reizt ihn die anspruchsvolle Darstellung der Perspektive verwinkelter Mauern mit dazwischenliegenden Schluchten mehr als die bloße Gestaltung praktischer Erfordernisse. So kann Leonardo kaum etwas dazu beitragen, durch die Erfindung von Kriegsgerät »das Hauptgeschenk der Natur, nämlich die Freiheit, zu bewahren«[94]. Doch scheint das aus heutiger Sicht auch nicht erstrebenswert, da diese Art der Verteidigungslogik letztlich nur ein nicht enden wollendes Wettrüsten initiiert, während das Geschenk der Freiheit, das Leonardo als Mensch und Künstler sein Leben lang reichlich auskostet, immer mehr aus dem Blick gerät.

KRAFT

Wie man tonnenschwere Kugeln schweben lässt und den Kreis quadriert

Es ist der 27. Mai 1472. Die Einwohner von Florenz sind auf den Beinen. Niemand will das Spektakel verpassen. Der gewaltige Dom der Stadt, an dem seit mehr als 170 Jahren gebaut wird, soll heute seine Krönung erfahren. Das imposante Gebäude Santa Maria del Fiore, das allein schon durch seine Ausmaße von 158 mal 38 Meter alle Rekorde sprengt, besticht bereits durch ein Wunderwerk. Der Stararchitekt und Erfinder der Zentralperspektive Filippo Brunelleschi hat für den Dom eine sich selbst tragende Kuppel konzipiert und in 16 Jahren umgesetzt.

Nach Abschluss der Arbeiten wird der Dom 1436 zwar geweiht, fertig ist er aber noch nicht, denn die Kuppel braucht noch eine Laterne. Brunelleschi entwirft diesen turmartigen Aufsatz, stirbt jedoch während der Ausführung. Nun ist es an Verrocchio, das Werk zu vollenden. Er gießt eine vergoldete Kupferkugel. Leonardo wohnt als Lehrling der Herstellung bei und ermahnt sich in seinem Notizbuch Jahre später: »Erinnere dich an die Art und Weise, wie der Ball auf Santa Maria del Fiore mit in Stein eingelassenem Kupfer zusammengeschweißt wurde.«[1] Wie aber soll diese zwei Tonnen schwere Kugel mit einem Durchmesser von 4,5 Metern ganz oben auf die Laterne befördert werden – in 110 Meter Höhe?

Verrocchio braucht für das kühne Unterfangen keine neuen Maschinen zu erfinden. Das hat Brunelleschi bereits für die Errichtung der selbst tragenden Kuppel getan. Da sie aufgrund der besonderen Fischgrätkonstruktion ohne Gerüst gebaut wurde, musste ein neuartiger Lastenaufzug her, der tonnenschweres Material sicher in die schwindelerregenden Höhen der Kuppel befördern konnte. Die Stadt lobte einen Wettbewerb aus, doch die Einreichungen blieben weit hinter den Anforderungen zurück. So blieb Brunelleschi nichts anderes übrig, als selbst ein geeignetes Instrument zu erfinden. Ein gewaltiger Ulmenstamm mit einem Durchmesser von 1,5 Metern wurde per Schiff angeliefert, um daraus die Seiltrommeln zu fertigen. Das Seil bestellte Brunelleschi bei den Meistern des Faches in Pisa, der Hochburg des Schiffsbaus. Es war 180 Meter lang und wog bei sieben Zentimetern Durchmesser eine halbe Tonne. Dieses größte jemals hergestellte Seil scheint Leonardo nachhaltig beeindruckt zu haben, jedenfalls sinniert er über die Gefahr der Selbstzerstörung: »Es ist möglich, dass ein senkrecht aufgehängtes Seil durch sein eigenes Gewicht zerrissen wird. Das Seil reißt dort, wo es das größte Gewicht auszuhalten hat, nämlich oben, wo es mit der Befestigung verbunden ist.«[2] Brunelleschi ließ das Seil über zwei Rollen laufen. Es wurde nicht von Menschen, sondern durch eine Ochsentretmühle gezogen. Um das zeitaufwendige Umspannen der Lasttiere zu umgehen, erfand Brunelleschi ein Wechselgetriebe, das eine kontinuierliche Beförderung in drei verschiedenen Geschwindigkeiten ermöglichte und sogar einen Rückwärtsgang hatte. Allein mit dieser technischen Meisterleistung war Brunelleschi nach einhelliger Expertenmeinung der Kunstgeschichtler Ross King und Frank D. Prager[3] seiner Zeit um Jahrhunderte voraus. Sein Lastenaufzug zog während des Kuppelbaus mehr als 20 000 Tonnen Material in 90 Meter Höhe.

Wenn die Lasten oben angekommen waren, mussten sie an die verschiedenen Orte auf der Baustelle verteilt werden. Dazu erfand Brunelleschi einen Drehkran mit Laufwagen und Gleitschienen. Mit gewaltigen Holzschrauben wurde das Kontergewicht verschoben und die Last justiert. Verrocchio benutzt nun also Brunelleschis Hebevorrichtungen sowie »viel Fleiß und Verstand«[4], und die Kugel wird, wie der Künstlerbiograf Giorgio Vasari 1568 schreibt, »zu großem Vergnügen und Ergötzen der Menge an ihren Platz gebracht«[5]. Leonardo wirkt bei dieser überzeugenden Demonstration der Ingenieurskunst mit. In seiner Funktion als Lehrling Verrocchios verrichtet er zwar nur Handlangerdienste, aber die Aktion hinterlässt einen tiefen Eindruck auf ihn, und seine Faszination für die Mechanik ist geweckt. Eifrig skizziert er[6] in seine Notizbücher und hält die technischen Neuerungen seiner Zeit fest, die er auf den Baustellen der Renaissancearchitekten entdeckt. Allerdings belässt es Leonardo nicht beim bloßen Kopieren. Er fügt das Vorgefundene auch neu zusammen, wie seine Kanalbaumaschine (siehe S. 57 ff.) beweist. Hier kombiniert er den Drehkran Brunelleschis mit dessen Lastenaufzug und scheut sich zumindest auf dem Papier nicht vor gewaltigen Dimensionen. Schließlich kann er sich aus nächster Nähe von der Machbarkeit überzeugen, denn Brunelleschis Erfindungen werden erst abgebaut, nachdem das Aufsetzen der Kugel geglückt ist. So zeugen im Nachhinein vor allem Leonardos Skizzen

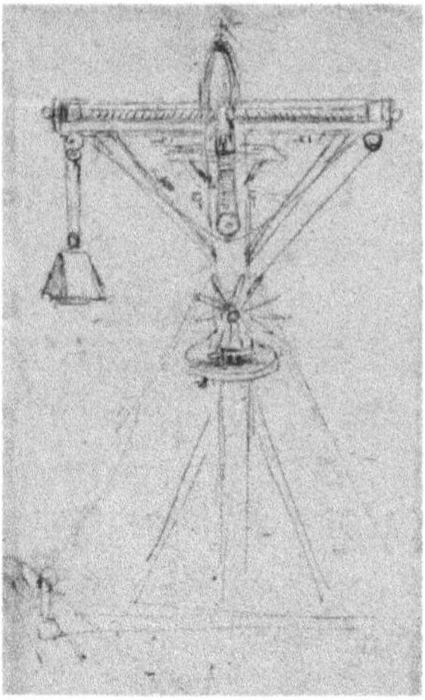

von Brunelleschis Erfindungen auf dem Gebiet der Mechanik, was zu folgenschweren Missverständnissen führt, die durch den Geniekult um Leonardo befeuert werden. Ross King weist in seinem Buch über Filippo Brunelleschi darauf hin: »Fasziniert von Filippos Maschinen (…) fertigte Leonardo eine Reihe von Skizzen an, die häufig als Beweis dafür gewertet werden, dass erst *er* diese Geräte erfunden habe.«[7] Doch der Bau der Kuppel, für den Brunelleschi die Maschinen erfindet, ist bereits 15 Jahre abgeschlossen, als Leonardo auf die Welt kommt.

In seinem Tagebuch wird er die Mechanik später als »das Paradies der mathematischen Wissenschaft« bezeichnen, »denn durch sie gelangt man zur mathematischen Frucht«[8]. Diese Sichtweise ist durchaus eigen. Für Leonardo trägt die Mechanik dazu bei, die Mathematik zu bereichern, und nicht umgekehrt. Er begreift die Mechanik also nicht, wie es naheliegen würde, als Anwendungsgebiet der Mathematik, sondern hält Ausschau nach der »mathematischen Frucht«, die das Wirken der Kräfte erzeugt. Damit zeigt sich Leonardo weit entfernt von der ingenieurwissenschaftlichen Perspektive auf die Mathematik als dem entscheidenden Instrument technischer Umsetzung. Er schaut auf die Mechanik, als sei sie nichts Menschengemachtes, sondern ein Naturereignis wie das Wasser oder die Luft, aus dessen Verhalten es zu lernen gilt. Im Florenz der großen Renaissancebaumeister von Brunelleschi über Michelozzo di Bartolommeo (1396–1472) bis hin zu Leon Battista Alberti (1404–1472) muss es ihm tatsächlich so vorkommen, als gebe es auf mechanischem Gebiet weniger etwas zu ergänzen als vielmehr Honig zu saugen aus dem betörenden Funktionieren der Apparate, die eine tonnenschwere Kugel ganz nach Belieben in die Lüfte schweben lassen können. Nicht nur, aber auch für die Mathematik.

Üppig fällt seine Ernte allerdings nicht aus. Leonardos Notizen zum Thema lassen eine durchgehende Systematik wie auch die tiefe Durchdringung von Problemen vermissen. Ähnlich seiner Vorgehensweise beim Geschützwesen legt er sich verschiedene Fragen vor, ohne Antworten zu finden. Mehr noch, er sucht überhaupt nicht nach Lösungswegen und kommt auch später nicht mehr auf den Gegenstand zurück. So möchte er beispielsweise wissen, wie viel Gewicht er an einem Seilende braucht, um 100 Pfund am anderen hochzuziehen, wenn das Seil über eine Rolle läuft und ein Mal um eine Rolle gewickelt ist.[9] Des Weiteren will er »nach und nach herausbringen«[10], was sich ändert, wenn das Seil mehrmals um die Rolle gelegt wird, und »ebenso, wenn das Hebezeug dreieckig, viereckig oder vieleckig ist«[11].

Der wissbegierige Leser kommt hier nicht auf seine Kosten. Das Thema verflüchtigt sich. Doch Leonardo schreibt seine Notizbücher auch nicht mit dem Hintergedanken der Veröffentlichung. Sie dienen ihm lediglich dazu, Sachverhalte festzuhalten, die ihm bedenkenswert scheinen. Möglicherweise hat er sie am nächsten Tag schon wieder verges-

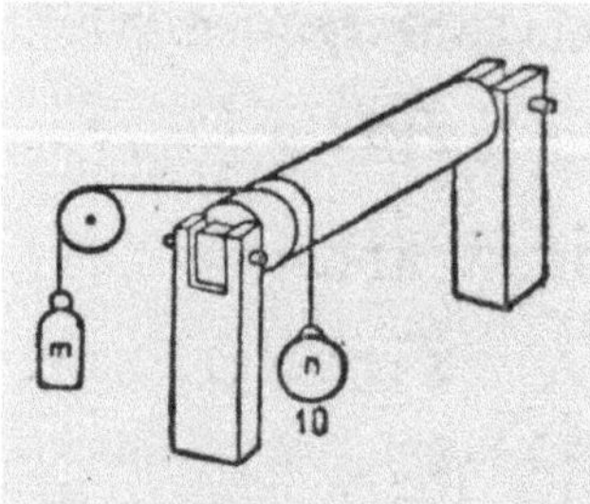

sen und schaut sie nie wieder an, weil anderes seine Aufmerksamkeit bindet.

Obwohl Leonardo dekretiert, dass seine Schriften nicht lesen soll, »wer nicht ein Mathematiker nach seinen Grundsätzen ist«[12], gehen seine mathematischen Einsichten an keiner Stelle über den Horizont seiner Zeit hinaus. Die Rechenschule besucht Leonardo auch nicht wegen seines überbordenden mathematischen Talents, sondern weil ihm die auf höhere intellektuelle Weihen vorbereitende Lateinschule verwehrt bleibt. In seinen Notizbüchern beschäftigt sich Leonardo folglich wenig mit Arithmetik, »und Algebra, also das Rechnen mit Unbekannten, war für ihn ein Buch mit sieben Siegeln«[13]. Statt schlanker, eleganter Beweise mithilfe von Zahlen und Gleichungen finden sich Erläuterungen zur Geometrie, die seinem zeichnerischen Talent sehr entgegenkommt. Dreiecke, Quadrate, Rechtecke, Rhomben und Rhomboiden werden definiert. Bei Letzterem »sind die entgegengesetzten Seiten und Winkel gleich, aber kein Winkel wird von gleichen Seiten umfasst«[14].

Über allem thront die für den Maler zentrale Idee der Proportion. Leonardo entdeckt sie nicht nur in Zahlen, »sondern auch in Tönen, Gewichten, Zeiträumen und Lagen sowie in jeglicher Wirkungskraft, die es gibt«[15]. Insofern reizt ihn auch immer wieder die Quadratur des Kreises. Angesichts der Übernahme des Begriffs in die Alltagssprache als Synonym für die Unmöglichkeit einer Sache, verwundert es sehr, dass Leonardo von sich behauptet, er »quadriere doch den Kreis, abzüglich des kleinsten Teils, den der Verstand sich vorstellen kann, d.h. des sichtbaren Punktes«[16]. Die Quadratur des Kreises beschäftigt die Gelehrten seit der Antike. Dieser Terminus ist durchaus missverständlich. Denn es geht nicht eigentlich darum, den Kreis zu quadrieren, sondern darum, ein Quadrat mit demselben Inhalt zu finden. Erst wenn man den Kreis in ein Quadrat überführen kann, wird es auch möglich, seine Fläche zu ermitteln. Beim Quadrat ist die Aufgabe einfach, denn man braucht lediglich die Länge der beiden Seiten zu multiplizieren, um den Flächeninhalt zu bekommen: Ein Meter mal ein Meter ergibt einen Quadratmeter. Bereits Archimedes stellte sich dieser Aufgabe und versuchte, Vielecke, deren Fläche leicht zu bestimmen ist, so zu arrangieren, dass ein möglichst großer Teil der Kreisfläche ausgefüllt ist. Er kam dabei der seit dem 18. Jahrhundert als π bekannten Kreiszahl sehr nahe und konnte sie auf einen Wert zwischen $3 + {}^{10}/_{70}$ und $3 + {}^{10}/_{71}$ eingrenzen. Das entspricht einem Wert zwischen 3,1408 und 3,1571. Doch der Näherungswert genügt nicht, um ein exaktes Ergebnis zu bekommen. Leonardo kennt die Arbeiten des Griechen: »Es wurde zuerst durch Archimedes von Syrakus entdeckt, dass man bei der Multiplikation des Halbmessers eines Kreises mit seinem halben Umfang ein gradliniges, dem Kreis gleiches Quadrat bekommt.«[17] Leonardo übersieht dabei das Problem der Bestimmung des Umfangs eines Kreises, für den die Zahl π benötigt wird. π ist aber keine normale Zahl. Man kann sie nicht exakt ausrechnen, da sie unendlich viele Stellen hinter dem Komma hat. Man kann sie auch nicht durch einen Bruch darstellen, wie es Archimedes versucht.

Daher wird sie in der Mathematik auch als irrationale, transzendente Zahl bezeichnet. Will man den Inhalt eines Kreises bestimmen, kommt man an ihr nicht vorbei, da sich die Fläche aus dem Produkt des Quadrats vom Radius und eben jener Kreiszahl π ergibt: $A = \pi r^2$. Leonardo scheint die Tiefendimension des Sachverhalts nicht zu begreifen, obwohl die Schwierigkeiten der Quadratur des Kreises zu den beliebtesten Diskussionsthemen der mittelalterlichen Scholastik gehören. Davon unbeeindruckt versucht er, die Aufgabe mit Zirkel und Lineal zu lösen. Ein Projekt, das wegen der Irrationalität der Zahl π zum Scheitern verurteilt ist. Deshalb darf seine Darstellung des vitruvianischen Menschen (siehe S. 75) auch nicht mit der Lösung des Problems der Quadratur des Kreises verwechselt werden. In dieser Zeichnung geht es Leonardo um die Darstellung der Proportionen des Menschen in Bezug auf Kreis und Rechteck, aber nicht um die geometrischen Figuren selbst. Ein zu seiner Zeit im Übrigen häufig dargestelltes Motiv, das Leonardo wahrscheinlich bei Taccola[18] sieht und lediglich nachmalt. Das jedoch mit seiner ganzen Könnerschaft.

Von ähnlicher Vergeblichkeit wie die Quadratur des Kreises ist die Erfindung eines Perpetuum mobiles. Besonders im Mittelalter versuchen sich viele Geister an diesem Goldesel der Mechanik, der eine fortdauernde Bewegung ohne Antrieb verspricht. Auch Leonardo findet anfänglich Gefallen an dieser Idee und greift in ersten Zeichnungen auf das Perpetuum mobile des französische Baumeisters Villard de Honnecourt aus dem 13. Jahrhundert zurück. Es besteht aus einem Rad, an dessen Lauffläche sieben mit Quecksilber gefüllte Hämmer befestigt sind. Auf dem Scheitel-

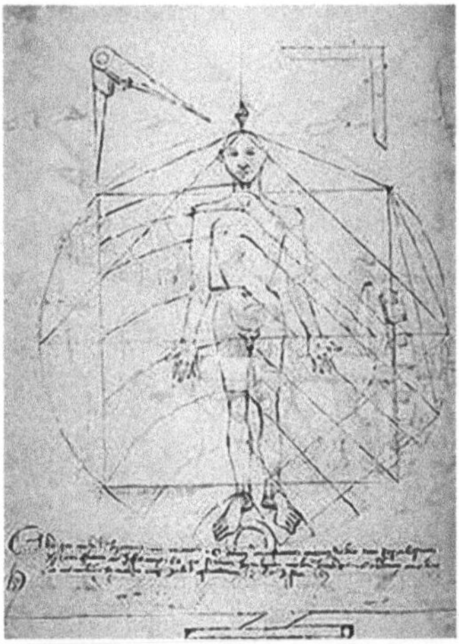

punkt kippt der jeweils oben befindliche Hammer von links nach rechts und beschleunigt die Rotation. So entsteht ein endloses Kreisen, weswegen dieses Perpetuum mobile unter dem Namen »Ewiges Rad« firmiert. Später verfeinert Leonardo die Darstellung, indem er zwölf Kugelgewichte einführt, die in gleichen Abständen am Rad hängen und der Fliehkraft gehorchend die fortlaufende Bewegung leisten sollen. Im Kommentar zu der Zeichnung legt Leonardo dar, warum dieses Perpetuum mobile seiner Meinung nach nicht funktionieren kann. Er bezweifelt, dass die Kugeln am Umschlagpunkt tatsächlich kippen und nicht einfach ihrer Schwerkraft in die entgegengesetzte Richtung folgen. Dadurch aber würde nach und nach ein Übergewicht gegen die angestrebte Drehrichtung entstehen, und das Rad käme zum Stillstand. »Darum ist dieses Rad sophistisch, was so gezeigt wird«[19], resümiert Leonardo, in dessen Sprachgebrauch »sophistisch« als gleichbedeutend mit »haarspalterischem Unfug« anzusehen ist. Auf dem Außenblatt des ersten Teils seiner heute als »Codex Madrid« bezeichneten Sammlung handschriftlicher Notizen wird er noch deutlicher und bezeichnet die Suche nach dem Perpetuum mobile als eine »unter anderen überflüssigen und unmöglichen Illusionen«[20] des Menschen und kündigt an, all jenen, die bislang daran festgehalten haben, endlich Ruhe zu verschaffen. Denn sie müssen sich aufgrund seiner Ausführungen zum Thema nun nicht mehr der Gefahr aussetzen, Fürsten und andere Regierende zu erzürnen, denen sie den Bau eines Perpetuum mobiles in Aussicht stellten. »Konnten sie dann nach hohen Ausgaben eine solche Maschine nicht in Gang bringen, waren sie gezwungen, eilends aus dem Land zu fliehen.«[21] So etwas würde Leonardo nicht passieren – zumindest nicht wegen eines versprochenen Perpetuum mobiles. Aber vielleicht wegen eines versprochenen Gemäldes über die Schlacht von Anghiari (siehe S. 114 f.)?

Man könnte meinen, dass Leonardo den deutschen Physiker Hermann von Helmholtz (1821–1894) vorwegnimmt, der mit seinem Energieerhaltungssatz im Jahr 1847 allen Träumen von einer sich ohne Kraftaufwand bewegenden Maschine ein jähes Ende setzt und den Patentämtern spürbare Entlastung schafft, da sie von da an keine Anträge auf Erfindung eines Perpetuum mobiles mehr prüfen. Doch um dem Geniekult nicht unnötig in die Karten zu spielen, sei an dieser Stelle darauf hingewiesen, wie unterschiedlich die Erkenntnisleistungen der beiden großen Männer sind. Leonardo nimmt sich lediglich die konkrete Idee des *Rota perpetua*, des Ewigen Rades, her und beschreibt dessen Unzulänglichkeiten, die ohnehin zutage getreten sind, wann immer sich ein findiger Mechaniker daranmachte, es zu bauen. Helmholtz dagegen, von seinen Zeitgenossen ehrfürchtig »Reichskanzler der Physik« genannt, konnte mit seinem Energieerhaltungssatz eine Grundeigenschaft der Natur nachweisen und sie mit mathematischer Strenge formulieren. An die Unmöglichkeit des Perpetuum mobiles hat er dabei keinen Gedanken verschwendet. Sie ist nur eine von vielen Folgerungen aus seinem Ersten Hauptsatz der Thermodynamik.

Eine Milliarde Dollar für 700 Seiten, halbwirkliche Wirkungskräfte und ein Fahrrad ohne Lenkung

Leonardos Notizen über Kraft und Mechanik sind über verschiedene Handschriften verteilt. Der Codex Madrid allerdings nimmt in diesem Zusammenhang eine Sonderstellung ein. Einiges spricht dafür, dass Leonardo die darin enthaltenen Blätter im Hinblick auf eine Publikation zusammengefügt hat. So lässt er in den Ausführungen und den Zeichnungen ein vergleichsweise hohes Maß an Sorgfalt walten. Vier Bücher über Mechanik möchte Leonardo schreiben, was sich gemessen an den geplanten dreißig Büchern über das Wasser geradezu bescheiden ausnimmt. Erscheinen wird zwar überhaupt keines, aber mit dem sogenannten Codex Madrid ist Leonardo möglicherweise einer Veröffentlichung am nächsten. Letztlich bleibt der Nachwelt jedoch nur die Handschrift, und selbst die steht der Wissenschaft erst seit 1965 und der Öffentlichkeit erst ab 1974 zur Verfügung. Der Grund dafür ist äußerst trivial. Ein Archivar muss die Bände im 19. Jahrhundert verstellt haben.

Nach dem Tod von Francesco Melzi, Leonardos treuem Schüler und Erben, werden die Notizen des Meisters über den europäischen Kontinent zerstreut. Der italienische Bildhauer Pompeo Leoni (1530–1608) erwirbt größere Teile, darunter den von ihm zusammengestellten sogenannten

Codex Atlanticus und die heute als Codex Madrid bezeichnete Handschrift. Nachdem Leoni vom spanischen König Philipp II. (1527–1598) zum Hofbildhauer gekürt wird, bringt er Leonardos Handschriften nach Madrid und vererbt sie dem spanischen Musikwissenschaftler Juan de Espina (1568–1642), der sie vor seinem Tod der Königlichen Bibliothek übergibt. Als 1830 die Buchbestände in den Besitz der Nationalbibliothek übergehen, muss wohl der verhängnisvolle Fehler im Archiv geschehen sein, jedenfalls ist der Codex Madrid von da an nicht mehr auffindbar.

Die Wiederentdeckung im Jahr 1965 wird in zwei Versionen beschrieben. Die eine besagt, dass der amerikanische Romanistikprofessor Jules Piccus (1920–1997) auf der Suche nach mittelalterlichen Balladen das Fehlen mehrerer Nummern im Katalog der spanischen Nationalbibliothek bemerkte. Als er auf Verdacht diese Nummern bestellte, bekam er keine vergessenen Heldenlieder auf den Tisch, sondern die Codices Madrid I und II. Die Wochenzeitung *Die Zeit* berichtet von Piccus' Sensationsfund, der sich die Echtheit von seinem Kollegen Ladislao Reti bestätigen ließ: »In New Yorks Statler Hilton Hotel wurde diese erstaunliche Entdeckung zweier reise- und forschungsfreudiger Amerikaner am 14.2. der Weltöffentlichkeit verkündet.«[22] Trotzdem hält das Team der RWTH Aachen, das über vier Jahre eine kommentierte Ausgabe des Codex Madrid erarbeitet hat, einen anderen Hergang für »eher glaubhaft«[23]. Demnach soll der französische Leonardo-Forscher André Corbeau (1898–1971) bereits seit 1957 mit Verweis auf die Geschichte des Codex Madrid wiederholt Anfragen an die Spanische Nationalbibliothek gestellt und das Haus schließlich zu einer Generalinventur gedrängt haben, bei der man die Handschrift auch fand, »im Regal um einhundert Nummern verstellt«[24].

Der geistige Wert des 700-seitigen Manuskripts kann nicht abgeschätzt werden, der materielle schon. Mario Taddei nimmt dafür die Versteigerung einer anderen Sammlung von Leonardo-Notizen, den sogenannten Codex Leicester, an Bill Gates für knapp 31 Millionen Dollar zum Anhaltspunkt und geht davon aus, »dass der rein materielle Wert der beiden in Madrid entdeckten Handschriften bei mindestens einer Milliarde Dollar«[25] liegt. Taddei schwingt sich noch zu einer weiteren kühnen Hypothese auf, wenn er behauptet, der Abdruck des Codex Madrid zu Leonardos Lebzeiten hätte »die Entwicklung der Mechanik um mindestens 100 Jahre beschleunigt«[26]. Das allerdings steht zu bezweifeln.

Im Codex Madrid finden sich zwar viele verschiedene mechanische Bauelemente, doch sind diese ebenso wenig von Leonardo erdacht wie der Kran von Brunelleschi. Wozu auch? Leonardo kommt sein Leben lang nicht in die Situation des Capomastro, des obersten Bauherrn, der für die Verwirklichung seiner Vorhaben Dinge von unmittelbar praktischer Relevanz und Funktionstüchtigkeit erfinden muss.

Leonardo zeichnet im Codex Madrid I einige Beispiele für das sogenannte Laternengetriebe. Es funktioniert völlig anders als das Zahnradgetriebe. Das eine Rad sieht aus wie ein Miniaturturm. In gleichen Abständen im Kreis angeordnete Holzstifte werden von einer oberen und einer unteren Scheibe gehalten. Das zweite Rad greift mit seinen auf der Lauffläche befestigten Noppen in die Räume

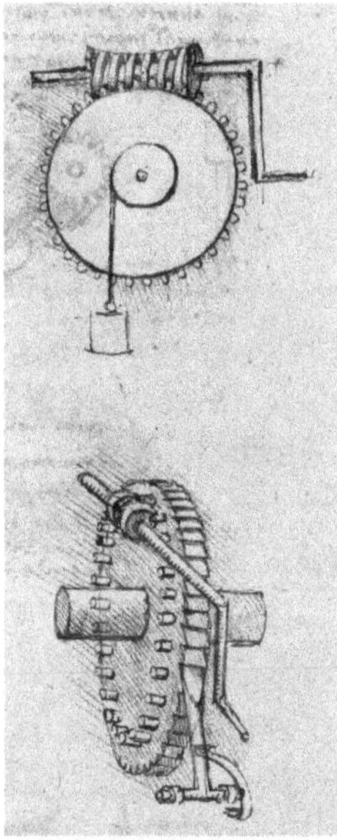

zwischen diesen Holzstiften. Dabei kehrt sich die Laufrichtung um. Eine Tatsache, die der Konstrukteur Leonardo sowohl beim Schaufelradboot (siehe S. 74) als auch beim Panzerwagen (siehe S. 200) nicht beachtet, wodurch er jeweils einen Getriebeschaden produziert – glücklicherweise lediglich auf dem Papier. Die Varianten, die Leonardo bringt, sind durchaus beeindruckend[27]. Aber erfunden hat er diese besondere Getriebeart nicht. Sie taucht bereits bei Valturio mehrmals auf. Brunelleschi hat das Laternengetriebe auch schon eingesetzt. Das belegt eine Zeichnung von Taccola, der sich ebenfalls an der Darstellung des Lastenaufzugs für den Kuppelbau versucht, jedoch gnadenlos an der perspektivischen Darstellung scheitert, sodass die Noppen nicht in die Holzstifte greifen, was sie in der Praxis jedoch ohne Zweifel taten.

Auch der Kurbel widmet sich Leonardo im Codex Madrid. Diese Art des Antriebs bringt das Problem des Totpunkts mit sich. An den Wendepunkten von der Abwärts- zur Aufwärtsbewegung und umgekehrt reißt die kontinuierliche Bewegung jeweils ab. Das kann man im Selbstversuch rasch nachprüfen, wenn man eine Kurbel bei der Hand hat. Um diese Totpunkte zu vermeiden, werden in der frühen Mechanik Schwungräder entwickelt, die Bewegungsenergie speichern können. Einmal in Gang gebracht, bewegen sie sich relativ konstant. Leonardo schlägt nun vor, vier an Eisenkugeln hängende Ketten an der Drehachse zu befestigen. Sobald die Kurbel betätigt wird, heben sie sich wie die Schaukeln des Kettenkarussells aus ihrer Ruhestellung und sorgen über die Totpunkte hinweg für eine gleichmäßige Bewegung. Ein wenig erinnert die Konstruktion an einen Fliehkraftregler, wie er 1788 von James Watt (1736–1819) als ein entscheidendes Element seiner Dampfmaschine eingeführt werden wird. Auch hier zeichnet der Mechanismus für die Erzeugung einer konstanten Geschwindigkeit verantwortlich.

Eine weitere Schwierigkeit der Mechanik in der Renaissance besteht in dem verhältnismäßig hohen Reibungsfaktor, der zustande kommt, weil die meisten Elemente aus Holz sind. Kugellager, die bereits zu Vitruvs Zeiten im Römischen Reich eingesetzt werden, sind das Mittel der Wahl, um die Reibung und ihre negativen Folgewirkungen wie Abnutzung und Kraftverlust zu minimieren. Leonardo wirft unter anderem die Frage auf, ob sich die Kugeln untereinander berühren dürfen, und optiert klar dagegen. »Wenn die Kugeln (…) sich bei der Bewegung berühren, dann vollzieht sich diese unvergleichlich viel schwerer, als wenn sie sich nicht berühren. Da sie sich nämlich bei ihrer Berührung zufolge der entgegengesetzten Bewegung reiben, (…) halten sie durch ihre Reibung die Bewegung auf.«[28] Dementsprechend skizziert Leonardo ein Kugellager[29], bei dem sich die einzelnen Kugeln nicht berühren. Wodurch genau dieser Effekt zustande kommen soll, verrät Leonardo nicht. Da er das Kugellager nicht kreisförmig konzipiert, hat er womöglich im Sinn, die Kugeln in den acht Ecken zu justieren.

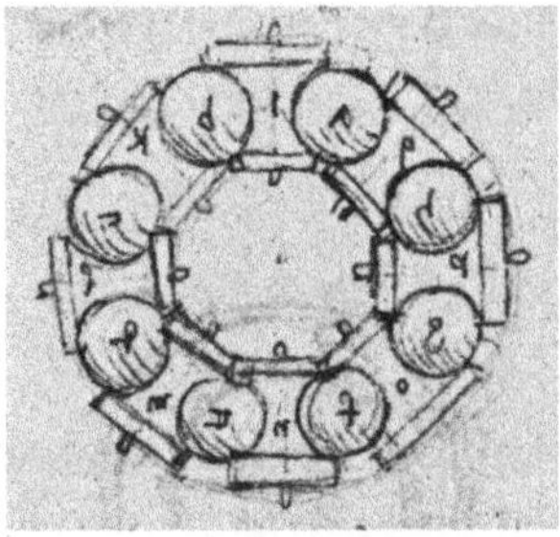

Das wäre wiederum eine zwar ästhetisch eindrucksvolle, aber technisch hoch problematische Lösung, da die Kanten für zusätzliche Reibung sorgen würden. Die moderne Wälzlagertechnik setzt dementsprechend auf kreisförmige Kugellager. Gleichwohl wird auf den von Leonardo angemahnten Abstand geachtet, indem man die Kugeln in sogenannten Käfigen aus Stahl oder Kunststoff laufen lässt, die nicht nur die Berührung verhindern, sondern zugleich den Abstand jeweils gleich groß halten.

Leonardo beschäftigt sich auch mit der Wirkungsweise von Hebeln, die auf den Renaissance-Baustellen von herausragender Bedeutung sind. In seinem eigenwilligen Stil unterscheidet er »wirkliche« und »halbwirkliche Wirkungskräfte«[30], später präzisiert er diese Ausdrücke und spricht von »realen« und »potenziellen« Hebelarmen. »Reale Arme sind solche, die aus irgendwelchen Stoffen bestehen (…). Und potenzielle Arme sind solche, die dort auftreten, wo der Stoff fehlt.«[31] Mit dieser Differenzierung beweist Leonardo ein tieferes Verständnis der Kraftwirkung am Hebel. Den realen Hebel kann man mit dem Kraftarm gleichsetzen, also der Strecke zwischen dem Ansatzpunkt der Kraft und dem Hebeldrehpunkt, jenem Ort, wo der Hebel aufliegt. Der potenzielle Hebelarm dagegen ist abstrakt und kann sinnlich nicht wahrgenommen werden, weswegen ihn Leonardo auch als »nichtstofflich« bezeichnet. Er meint damit die Richtung, in die der Hebel das Gewicht bewegt.

Das kann man sich in einem Gedankenexperiment verdeutlichen. Wenn man mit einer Eisenstange einen Stein aus seiner Position herausheben möchte, dann drückt man den Hebel nach unten. Die Kraft wirkt also senkrecht zum Boden. Der Stein aber wird sich nicht adäquat dazu senkrecht, sondern eher seitlich nach oben bewegen. Dieses Resultat der Kraftwirkung nun bezeichnet Leonardo als potenziellen Hebelarm, den er mithilfe von Halbkreisen und Dreiecken zu fassen sucht. Dieser Begriff hat sich in der Mechanik nicht eingebürgert, nicht zuletzt, weil er selbst einiges Potenzial für Missverständnisse birgt, da er nichts mit dem Hebel zu tun hat, sondern eine Komponente seiner Wirkung beschreibt.

Des Weiteren untersucht Leonardo auch die Kräfteverhältnisse an zweiarmigen Hebeln, bei denen die Kräfte an verschiedenen Seiten des Drehpunkts ansetzen, sowie an Rollen, die als zentrales Element der Flaschenzüge eminent wichtig sind für die vertikale Beförderung auf den Baustellen der Renaissance. Schlussfolgerungen für die Praxis allerdings zieht er aus seinen Studien nicht.

Leonardo setzt sich auch mit Zahnrädern auseinander. Im Codex Madrid ermahnt er den fiktiven Ansprechpartner seiner Tagebücher: »Du, der du die Bewegung mithilfe von Zahnrädern wünschst, wisse, dass du, bevor du in ein solches Experiment eintrittst, es zunächst (…) verstehen musst, die Zahnung des Rades mit der Zahnung seines Ritzels in Übereinstimmung zu bringen, anderenfalls ist deine Mühe nichtig.«[32] Unter Ritzel versteht man jenes der beiden Zahnräder, das kleiner ist und weniger Zähne hat. Da es schneller läuft, nutzt es sich auch eher ab. Leonardo ver-

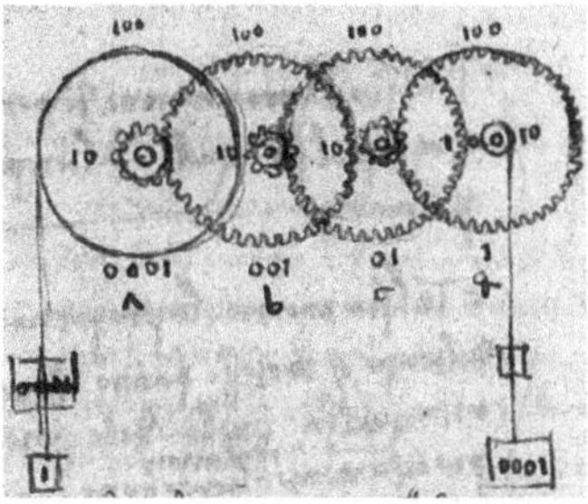

deutlicht diesen Umstand mit einem Rad, das 80, und einem Ritzel, das acht Zähne hat: »Wenn das Rad eine Umdrehung macht, so macht sein Ritzel genau zehn, und jeder Zahn wird zehnmal berührt.«[33] Aus diesem Grund gilt in der modernen Werkstoffkunde auch die Regel, dass der Werkstoff des Ritzels »immer fester als der des Großrades sein«[34] muss, denn die Lebensdauer einer Maschine bemisst sich nach der Haltbarkeit ihres schwächsten Gliedes.

Den Übersetzungsverhältnissen von Getrieben widmet sich Leonardo eingehend. Er skizziert vier Räder *(a, b, c, d)*[35], die alle aus einem kleinen Element mit zehn und einem großen mit 100 Zähnen bestehen. Da jeweils das kleine in das große Zahnrad greift, kann Leonardo folgende Übersetzungsverhältnisse beschreiben: »Wenn das Rad *d* sich einmal ganz dreht, dann dreht sich das Rad *c* 10- und das Rad *b* 100-mal, und so dreht sich das Rad *a* 1000-mal.«[36] Umgekehrt proportional verhalten sich die Gewichtsverhältnisse an den Seilen, die Leonardo auf der Skizze darstellt. Über dem äußeren Umfang von Rad *a* liegt ein Seil, an dem ein Gewichtsteil hängt. Die 1000 Gewichtsteile, die am inneren Umfang von Rad *d* ziehen, halten das Gleichgewicht. Somit eröffnet Leonardo noch eine andere Möglichkeit, die sich aus diesem Getriebe ergibt. Über die Funktion hinaus, das Rad *a* rasant zu beschleunigen, könnte man ein Gewicht durch ein Tausendstel seiner Masse heben. Sicher eine interessante Idee, doch aufgrund der raschen Materialermüdung sind Zahnräder, die zumeist aus Holz gefertigt werden, keine wirkliche Alternative zum Flaschenzug.

Leonardo beschäftigt sich auch beim Thema Zahnräder mit den Proportionen. Will man nicht für jede Maschine neue Zahnräder entwerfen und fertigen, sondern diese – wie etwa Schrauben oder Nägel – auf Vorrat produzieren, braucht man verbindliche Standards. Außerdem reizt es Leonardo als Künstler, das Ideal der Form zu finden, die hinter den Dingen stehende Regel. Wenn er ein Rad mit 20 Zähnen hätte, so fragt er sich, was aus diesem Modell für ein Rad mit 19 oder 21 Zähnen folgen würde: »Ich frage, um wie viel ich das Rad nach einer allgemeinen Regel vergrößern oder verkleinern muss.«[37] Diese Regel findet Leonardo nicht, aber er hat zumindest ein Gespür dafür, dass es in der Welt der Technik ebenso wie in jener der Malerei und der Natur ein verbindliches Maß für die Proportionen geben muss. Der österreichische Ingenieur, Handwerksmeister und Wissenschaftstheoretiker Herbert Maschat (* 1941) urteilt nach eingehender Beschäftigung mit Leonardos Zahnradstudien: »Es fehlte ihm einfach jener allgemeine Begriff – in der modernen Zahnradtheorie Modul genannt –, der als Maß des Zahnes erst eingeführt werden musste und zu dem alle übrigen Zahnradabmessungen in einem Abhängigkeitsverhältnis stehen.«[38] Diese Einführung aber ist noch Jahrhunderte entfernt, ebenso wie die daraus resultierende Einigung auf einen Zahnradstandard, der schließlich in der DIN-Norm 867 festgeschrieben wird.

Auch wenn Leonardo bei seinen Konstruktionen von Schaufelradboot und Panzer (siehe S. 249) Fehler unterlau-

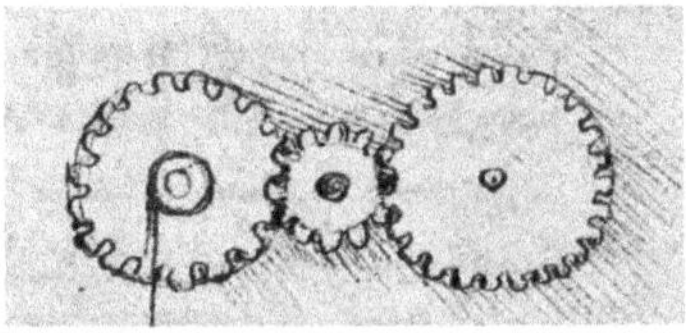

fen, die bei Betrieb einen Getriebeschaden nach sich ziehen würden, zeigt er in den eher theoretisch angelegten Ausführungen des Codex Madrid keine Schwäche bei der Bestimmung der Laufrichtung. Für zwei ineinanderlaufende Zahnräder notiert er: »Wenn du eines dieser Räder drehst, dann dreht sich das andere, weil es mit ihm verbunden ist, im umgekehrten Sinne.«[39] Leonardo macht dann auch in Bild[40] und Text einen Vorschlag, wie man dieselbe Drehrichtung erreicht. Es ist »notwendig, dass es sich an dritter Stelle befindet«[41]. Es genügt also, ein weiteres Rad dazwischenzuschalten, um die Laufrichtung der beiden anderen anzugleichen.

Im besten Sinne unzeitgemäß ist Leonardos Beschäftigung mit Kettengetrieben, die in der Renaissance kaum Verwendung finden, aus der modernen Antriebstechnik jedoch nicht wegzudenken sind. Wo immer Kräfte über größere Achsabstände hinweg zu übertragen sind, ist die Kette angesagt. Bei Fahr- und Motorrad ebenso wie bei Pkw und Lkw. Doch an solche Fortbewegungsmittel ist in der Renaissance noch nicht zu denken. Insofern erstaunt Leonardos Interesse am Kettengetriebe durchaus. Leider begründet er es nicht, »noch liefert er den geringsten Nachweis einer theoretischen Behandlung dieser wirkungsvollen Antriebsart«[42]. Aber er skizziert sie: Gliederketten, die auf sehr moderne Weise durch Ösen verbunden sind, sodass deren Länge je nach Bedarf leicht verändert werden kann. Auch eventuelle Reparaturen dürften ohne Aufwand zu bewerkstelligen sein. Leonardo setzt in seinem Notizbuch ganze Getriebe

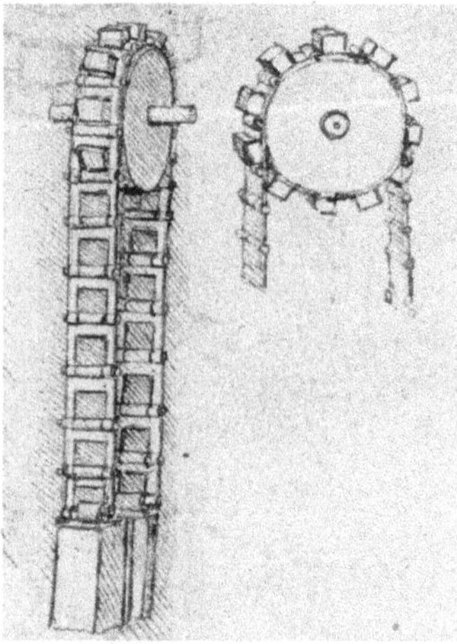

aus Ketten zusammen, indem er sie mit den Achsen und Zahnrädern verbindet. Präzise wie eine technische und zugleich plastisch wie eine künstlerische Zeichnung wirkt sein Entwurf einer Kette mit Scharniergelenken, die sich bündig um ein Zahnrad legt. Beim Anschauen der Skizze spürt man förmlich die enormen Kräfte, die so übertragen werden können.[43] Perspektive und Schattengebung suchen hier sicherlich weit über seine Zeit hinaus ihresgleichen.

So hat Leonardo mit Kette und Zahnrädern alles beieinander, um ein Fahrrad zu erfinden. Sogar eines mit Gangschaltung, wenn man an seine Getriebestudie (siehe S. 248 ff.) denkt. Doch ein entsprechender Hinweis des Meisters fehlt, bis der angesehene italienische Romanistikprofessor Augusto Marinoni (1911–1997) in den Siebzigerjahren des 20. Jahrhunderts mit der Restaurierung mehrerer Codices von Leonardo betraut wird. Bei der Arbeit am Codex Atlanticus macht er eine erstaunliche Entdeckung. Als er mit seinem Team die zugeklebte Seite 133 öffnet, erscheint plötzlich die Zeichnung eines Fahrrads. Marinoni präsentiert die Zeichnung 1974 der staunenden Öffentlichkeit. Doch bald schon werden in der Fachöffentlichkeit Zweifel laut, denn die Skizze will so gar nicht zum Stil von Leonardo passen. Marinoni kontert mit der These, es handele sich »um eine stümperhafte Kopie, die von einem Lehrling aus Leonardos Werkstatt nach einer heute verschollenen Zeichnung des Meisters angefertigt wurde«[44]. Wahrscheinlich sei es einer der Jungen gewesen, die in Leonardos Werkstatt zugange waren. Dafür sprächen weitere Indizien auf der Rückseite des Folios 133. Zuerst zwei obszöne Zeichnungen. Zu sehen ist jeweils ein Gesäß, das auf zwei Hahnenfüßen steht und aus dem seitlich ein prall erigiertes männliches Geschlechtsteil herauswächst. Daneben kann man den Schriftzug »salai« lesen. So wurde Leonardos Modell und Geliebter gerufen, der sich diesen Spitznamen, »Teufel«, durch sein ungebärdiges Verhalten (siehe S. 100) weidlich verdient hatte. Weiterhin befindet sich direkt neben der Skizze des Fahrrads eine ebenfalls kindliche Karikatur, die Augusto Marinoni ausführlich beschreibt: »Fliehendes Kinn, hohle Wangen, unter raubvogelähnlichen Brauen stechende Augen, die sich mit einer zum Vogelschnabel umgebildeten Hakennase verbinden.«[45] Marinoni folgert nun, dass dieses Folio entweder von Salai selbst oder einem der anderen Schüler Leonardos stammt, der Salai verspotten wollte. Das Fahrrad sei gleichsam ein Nebenprodukt, das der Zeichner von einer verloren gegangenen Skizze Leonardos kopiert habe. »Er muss sie wohl kopiert haben, weil wir einem Kind diesen großartigen Einfall nicht zutrauen können, der um drei oder vier Jahrhunderte unser Fahrrad vorwegnimmt.«[46] Für Marinoni steht fest, dass »die subtile und zündende Idee, auf nur zwei Rädern im Gleichgewicht zu fahren«[47], von Leonardo stammen muss.

Dann aber wird bekannt, dass mit Carlo Pedretti eine andere Autorität auf dem Gebiet der Leonardo-Forschung das Original des Codex Atlanticus zehn Jahre zuvor durchgesehen hatte. Nach eigener Aussage öffnete er die zugeklebte Seite zwar nicht, durchleuchtete sie jedoch mit hellem Licht. Dabei waren ihm lediglich zwei von Schlangenlinien durchzogene Räder aufgefallen, ein Fahrrad aber sei das nicht gewesen. Nach dieser Äußerung verdichten sich die Anzeichen, die eine Einfügung der Skizze unmittelbar vor ihrer vermeintlichen Entdeckung nahelegen. In einer von dem deutschen Technikhistoriker Hans-Erhard Lessing (*1938) geschilderten Auseinandersetzung zwischen dem Leonardo-Forscher Ladislao Reti (1901–1973) und Augusto Marinoni kommt der im Raum stehende Vorwurf zur Sprache: »L'hai fatto tu!«[48] (Du hast das gemacht!)

Ob Marinoni tatsächlich selbst Hand angelegt hat oder ob einer der Mönche aus seinem Restaurationsteam von der Katholischen Universität Mailand die beiden Räder verband und mit Kette, Pedalen, Lenkstange und Sattel ausstattete, konnte nie aufgeklärt werden. Unzweifelhaft aber ist, dass die Zeichnung lange nach der Erfindung des Fahrrads im Jahr 1820 durch den Forstbeamten Karl Freiherr von Drais (1785–1851) in den Codex Atlanticus hineinkam. Im Übrigen ist das Fahrrad auf der Leonardo angetragenen Skizze durch seine starre Lenkstange manövrierunfähig.

Die Druckerpresse oder warum Leonardo kein Buch schreibt

Zu den Erfindungen von Leonardo da Vinci wird gewöhnlich auch die Druckerpresse gezählt. Charles Gibbs-Smith führt sie in seinem nach Themengebieten geordneten »Verzeichnis der Erfindungen«[49] unter der Nummer 46 auf, hinter dem doppelarmigen Kran und vor dem Laufkran. Letztere sind ebenso wenig Erfindungen von Leonardo wie das Fahrrad, das an 83. und letzter Stelle steht. Wenn man sich das entsprechende Folio anschaut, fällt erst einmal die rechts unten kniende oder im Moment aus dem Bild laufende Madonnenfigur auf. Offensichtlich zeichnet Leonardo seine Druckerpresse auf ein Blatt, das ihm auch für die Studie einer Jungfrau dient. Wobei Zweifel angebracht sind, ob die Gestalt mit keusch niedergeschlagenem Blick tatsächlich von Leonardo stammt. Die souverän-kühne Strichführung und der prägnant eingefangene Gesichtsausdruck sprechen dafür, die Schraffur jedoch dagegen. Denn bei allen anderen Skizzen lässt Leonardo die Linien von links nach rechts verlaufen. Eine Angewohnheit, die wahrscheinlich seiner Linkshändigkeit geschuldet ist. Hier aber ändert er die Richtung. Das mag ein Zufall sein, möglich ist auch, dass Leonardo ausprobieren will, wie ein Wechsel der Schraffurrichtung wirkt. Letztlich aber ist es nicht ganz auszuschließen, dass ein anderer Lehrling in der Werkstatt von Verrocchio zu Leonardos Skizzenbuch greift und ihm die Madonna zueignet.

An der Zuschreibung der Druckerpresse jedenfalls besteht kein Zweifel. Leonardo entwirft sie Ende der Siebzigerjahre des 15. Jahrhunderts. Über einen langen Hebel wird die zentrale Stange bewegt. Sie sorgt einerseits dafür, dass sich die Druckplatte senkt. Andererseits aber kurbelt sie ein verhältnismäßig großes Noppenrad an, das über ein Stockgetriebe eine zweite Stange in entgegengesetzter Richtung dreht. Dadurch setzt sich die unten befindliche Rolle in Gang und wickelt einen Faden auf, der seinerseits einen auf kleinen Rollen laufenden Wagen mit dem zu bedruckenden Papier unter die Platte zieht. Nach vollzogenem Druck geht der Hebel wieder in seine Ausgangslage zurück, die Platte hebt sich, und der Rahmen fährt die schiefe Ebene hinab, wo das Blatt gegen ein neues ausgetauscht werden kann.

Leonardos Entwurf wirkt im Detail gut durchdacht. Die Bewegungen der Platte und des Wagens sind durch die Gesamtkonstruktion miteinander verbunden. Die Feinsynchronisierung des Prozesses kann über die Fadenlänge erfolgen. Damit wird sichergestellt, dass sich das Papier im entscheidenden Moment an der richtigen Stelle befindet. Der Drucker braucht nun nicht mehr direkt unter der Platte zu hantieren, sondern kann das Blatt in der Ruhestellung der Maschine auswechseln, was für mehr Sicherheit an seinem Arbeitsplatz sorgt und den Gesamtvorgang beschleunigt. Insofern kann man Leonardos Entwurf als einen bedenkenswerten Vorschlag für die Teilautomatisierung des Druckprozesses würdigen. Aber deswegen zu behaupten, er habe die Druckerpresse erfunden, wäre äußerst abwegig.

Leonardo muss die Druckerpresse auch nicht erfinden, denn es gibt sie längst. Der Mainzer Goldschmied Johannes Gensfleisch (1400–1468), genannt Gutenberg, entwickelt, mehr als zehn Jahre bevor Leonardo zur Welt kommt, ein völlig neuartiges Verfahren zur Herstellung von Drucklettern aus einer speziellen Metalllegierung. Mit seinem Handgießinstrument kann er identische Buchstaben in hoher Stückzahl produzieren. Diese beweglichen Lettern werden alphabetisch in einem Kasten geordnet, aus dem sich dann der Setzer bedient und den Text Zeile für Zeile zusammenstellt. Die fertige Platte wird schließlich mit Gutenbergs Spezialmischung aus Firnis und Ruß geschwärzt, bevor sie der Drucker mithilfe einer Winde auf das Papier presst. So entstehen Bücher mit identischen Seiten. An die Stelle des Einzelexemplars der Handschrift tritt nun die Vielzahl der gedruckten Auflage. Die Überlegenheit des Verfahrens gegenüber herkömmlichen Kopierpraktiken überzeugt sofort. Während ein Schreiber im mittelalterlichen Skriptorium etwa drei Jahre benötigt, um eine Bibel vollständig abzuschreiben, druckt Gutenberg dank seiner Erfindung der beweglichen Lettern in den drei Jahren um Leonardos Geburt herum 180 Exemplare vom Buch der Bücher. Im kommenden 16. Jahrhundert werden mit seiner Technologie weltweit bereits über 200 Millionen Bücher gedruckt, im gesamten 18. Jahrhundert nähert man sich einer Milliarde an. Diese unvorstellbar große Anzahl wird in Deutschland mittlerweile fast schon pro Jahr erreicht.

Auch im Italien der Renaissance breiten sich die Druckereien rasch aus. Seit 1465 gibt es sie in Rom, Venedig, Padua und Modena. In der Stadt von Leonardos Schul- und

Lehrjahren befleißigen sich die Dominikanermönche der Basilika Santa Maria Novella in Florenz seit 1476 der Schriftsetzerkunst. Neben der Bibel werden auch technische Werke gedruckt. Valturios *De re militari* gehört dazu und erlebt von 1472 bis 1500 vier Auflagen. Leon Battista Albertis Abhandlung über Architektur *De re aedificatoria* erscheint 1785. Neben anderen liegen diese beiden Bücher Leonardo vor, sodass ihm die Behauptung, er habe die Druckerpresse erfunden, sicherlich recht absurd vorgekommen wäre.

Seinem Erben Francesco Melzi ist es zu verdanken, dass auch eine Schrift von Leonardo gesetzt wird und zwischen zwei Buchdeckel kommt. 1651, über 130 Jahre nach Leonardos Tod, erscheint die »Abhandlung über die Malerei«. Der Titel *Trattato della pittura* sowie die inhaltliche Zusammenstellung gehen auf Melzi zurück. Zwar hat Leonardo in seinen Notizbüchern sehr viele verschiedene Werke zu den unterschiedlichsten Themengebieten angekündigt, geschrieben aber hat er kein einziges. So sind seine Nachkommen auf die weit verstreuten Notate und Skizzen angewiesen, wenn sie etwas von und über Leonardo erfahren möchten. Augusto Marinoni beklagt denn auch, »die noch vorhandenen Manuskripte Leonardos enthalten zumeist nur eine Fülle mehr oder weniger provisorischer Notizen, die im Allgemeinen keinen Zusammenhang miteinander haben«[50]. Ob Leonardo nicht die Zeit oder nicht die Kraft fand, seinen sprunghaften, von Neugier getriebenen Geist zu disziplinieren, wissen wir nicht. Vielleicht aber wollte er seine Gedanken auch gar nicht zum Abschluss bringen und sie der schwarz auf weiß gedruckten Gewissheit überantworten.

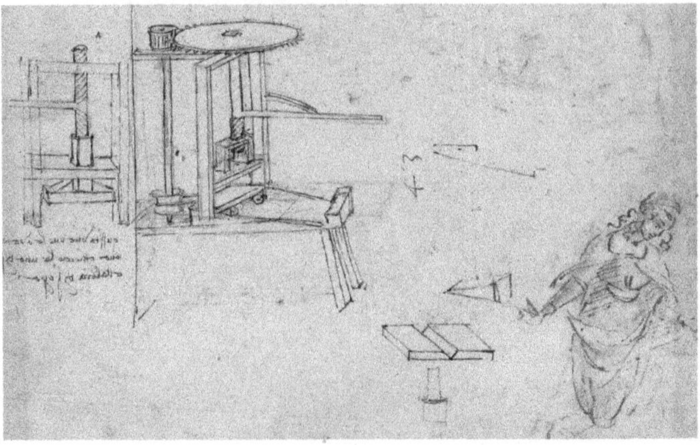

Die Buchdruckerpresse von Leonardo da Vinci[51]

Das Hodometer oder wie man mit Terpentin Entfernungen misst

Das Folio Nummer 1 im Codex Atlanticus zeigt zwei fein ausgearbeitete Skizzen von Apparaturen zur Messung der Wegstrecke. Anzunehmen, es handele sich hier um eine frühe Studie von Leonardo, ist verfehlt, da er seine Notizbücher nicht nur von rechts nach links, sondern derselben Logik folgend auch von hinten nach vorn füllt. Somit handelt es sich um das letzte Blatt des Codex; es wird auf etwa 1504 datiert. Zu dieser Zeit lebt Leonardo nach dem Sturz seines Mailänder Gönners il Moro wieder in Florenz. Er erhält Aufträge für verschiedene Gemälde, doch nimmt die Arbeit daran »das vorhersehbare Ende«[52], wie es Ross King in seiner Leonardo-Biografie vorsichtig formuliert. Man könnte auch sagen: das übliche Ende. 1503 beginnt er ein Porträt der Frau des vermögenden Tuchhändlers Francesco del Giocondo (1460–1539). »Er mühte sich vier Jahre mit diesem Werk und ließ es dann unvollendet«[53], schreibt Giorgio Vasari. Francesco wird das unnachahmliche Lächeln seiner Frau Lisa niemals auf Leinwand gebannt bewundern können, denn Leonardo händigt ihm nicht einmal das unfertige Bild aus. Er nimmt es mit sich auf seinen weiteren Lebensweg und überlässt es schließlich kurz vor seinem Tod dem französischen König. Auch die Arbeit am großen Wandgemälde für den Ratssaal von Florenz bricht er ab (siehe S. 115 f.). Vielleicht hat Leonardo tatsächlich »keine Geduld mehr zum Malen«[54]. In diesem schicksalhaften Jahr stirbt auch sein Vater San Piero da Vinci. »Er war achtzig Jahre alt. Er hinterlässt zehn Söhne und zwei Töchter.«[55] Der Tod des Vaters spiegelt Leonardo seine eigene Situation noch einmal deutlich. Er hat sich kein Nest gebaut, wird keine Kinder hinterlassen, wird weiter ruhelos unterwegs sein. Leonardo ergreift die Flucht nach vorn und begibt sich auf die Suche nach einem neuen Arbeitgeber. Die akkuraten Zeichnungen der Wegmesser könnten durchaus für eine Bewerbung gedacht sein. Dafür spricht die Schrift unter den linken beiden Objekten. Leonardo macht hier eine große Ausnahme und schreibt nicht wie sonst spiegelverkehrt, während er bereits auf der rechten Seite desselben Folios wieder zu seiner gewohnten Schreibweise zurückkehrt. Gut möglich, dass er die beiden Entwürfe seines Wegmessers zusammen mit dem Kommentar einem potenziellen Dienstherren vorlegt. Nachdem dieser abschlägig beschieden hat, nutzt Leonardo den verbleibenden Rest des Blattes für die Skizze eines Schrittmessers.

In der Renaissance wird das Messen wieder zu einem ernsthaften Anliegen, bildet es doch die Grundlage für ein Naturverständnis, das nicht mehr alles für gottgegeben hält. Leonardo drückt das im Codex Atlanticus so aus: »Alle Vorgänge der Natur beruhen auf Bewegung. Die Bewegung ist messbar.«[56] Dementsprechend beschäftigt sich Leonardo mit Waagen, Feuchtigkeits- und Windmessern, Instrumenten zur Bestimmung der Zugfestigkeit von Fäden sowie Schrittzählern. Das auf der rechten Seite des Folios abgebildete Instrument registriert über ein am Oberschenkel befestigtes Pendel die Schritte eines Menschen, indem es die Bewegungen an eine Zahnradkonstruktionen überträgt. Da hier jeweils kleine Kränze auf große übersetzen, dürfte sich das rechte Zahnrad sehr gemächlich bewegen. Nachdem es auf eine bestimmte Schrittzahl geeicht ist, braucht man lediglich die Startstellung zu markieren und kann dann aus der Endstellung errechnen, wie viele Schritte getätigt wurden.

Ein weiterer Schrittmesser findet sich in einer anderen Sammlung von Notiz- und Skizzenbüchern, den sogenannten Pariser Manuskripten, die nach ihrem Aufbewahrungsort so genannt werden. In der Bibliothek des Institut de France lagern seit 1795 die Handschriften A bis M. Im Manuskript F zeichnet und kommentiert Leonardo einen Schrittmesser, der seinem Namen nicht ganz gerecht wird, da es hier um die gelaufene Wegstrecke pro Zeiteinheit und damit um die Ermittlung der Geschwindigkeit geht. Die Beschreibung des Instruments klingt kühn. Leonardo will an dem Verhältnis von Staubablagerungen auf Terpentin und der Anzahl der Drehungen einer Tonscheibe herausbekommen, »wie weit einer in der Stunde geht«[57]. In der etwas wirren Berechnung zu diesem Apparat kommt er zu dem Schluss, »dass dieses Instrument sich in 300 Zeitmaßen eine Meile weit bewegt hat und dass eine Stunde gleich 1080 Zeitmaßen ist, woraus sich 3 Meilen in einer Stunde und 108/300 ergeben werden«[58]. Wie er aber die Tonscheibe zur Messung der »harmonischen Zeit«[59] in kontinuierlicher Bewegung halten will, sagt er nicht.

Der Wegmesser wird auch Hodo- beziehungsweise Odometer genannt, eine Wortschöpfung aus dem Griechischen, wo *hodos* für »Weg« und *metron* für »Maß« steht. Leonardo skizziert ein Modell mit einem und ein anderes mit zwei Rädern. Beide erinnern ein wenig an eine Schubkarre. Doch ihr Zweck besteht nicht in der Beförderung von Lasten, sondern im Messen von Distanzen. Beim einrädrigen Instrument überträgt das mit Noppen besetzte Hauptrad die Drehbewegung über die Achse auf ein senkrecht stehendes Zahnrad. An diesem Zahnrad befindet sich ein Zapfen, der, sobald er auf dem Zenit steht, das horizontal laufende Rad um einen Zahn weiterschiebt. Es handelt sich hierbei um das Herzstück des Wegmessers, eine mit Löchern versehene Scheibe, die den eigentlichen Zählvorgang übernimmt. Sie muss so konstruiert sein, »dass bei einer vollen Umdrehung jedes Mal ein Kiesel in den Kasten fällt«[60]. Während sich also das Hauptrad, auf dem die Karre fährt, einmal dreht, bewegt sich das horizontal liegende Zählrad um ein Loch weiter und gibt damit einen Stein frei. In allen Löchern liegen Steine oder Kugeln, aber nur direkt über dem rechts am Wagen befindlichen Kasten ist ein Loch, durch das sie hinunterfallen können. Um die zurückgelegte Entfernung herauszubekommen, braucht man lediglich die Anzahl der Steine mit dem Umfang des Rades zu multiplizieren. Die Synchronisierung der Bewegung von Hauptrad und Zählrad wird durch die in Leonardos Zeichnung nicht weiter präzisierte Getriebeübersetzung zwischen den beiden geleistet. Wenn allerdings, wie in der Skizze dargestellt, das vertikale Zahnrad direkt von der Achse aus angetrieben wird, bewegt es sich aufgrund der drastischen Größenunterschiede wesentlich schneller als das Hauptrad und dürfte daher die Messung verfälschen.

Der zweirädrige Wegmesser, den Leonardo skizziert, folgt demselben Prinzip. Ein mit der Achse in Verbindung stehendes Schneckengetriebe treibt das vertikale Noppenrad an, das über ein Laternengetriebe (siehe S. 73 u. S. 249) das Zählrad bewegt. Eine Öffnung über dem Auffangkasten sorgt dafür, dass pro Umdrehung der zentralen Achse ein Kiesel hineinfällt. Die Verhältnisse dürften bei diesem Entwurf in etwa stimmen. Zwar übersetzt das Schneckengetriebe von einem kleinen auf ein großes Rad, dafür aber steht das kleine Stockgetriebe mit dem großen Zählrad in Verbindung. Somit könnte eine Umdrehung der Achse in etwa der Bewegung des Zählrades von einem Loch zum nächsten entsprechen, womit die zu messende Strecke dem Produkt aus der Anzahl der Kiesel und dem Umfang der Räder, auf denen das Gefährt rollt, entsprechen sollte. Geht man von 30 Löchern und einem Raddurchmesser von 50 Zentimetern aus, kann man mit einer Ladung Steine allerdings lediglich 47 Meter messen, was die Fantasie von Mario Taddei, dem Direktor des Mailänder Leonardo3-Museums, anregt: »Während der Wegmesser in Betrieb war und von einer Person gezogen wurde, ging eine andere Person neben ihm her und füllte ständig Kiesel in die Aushöhlungen des großen zentralen Rades nach.«[61]

Diese Beschreibung des Arbeitsablaufs suggeriert, dass tatsächlich Landvermesser mit Leonardos Hodometern unterwegs waren. Eine Behauptung, die allerdings jeglicher Grundlage entbehrt, denn es fehlen Belege für die Umsetzung seiner Entwürfe in die Praxis. Außerdem werden Hodometer seit der Antike eingesetzt. Bereits der Römer Vitruv beschreibt sie im 1. vorchristlichen Jahrhundert. In

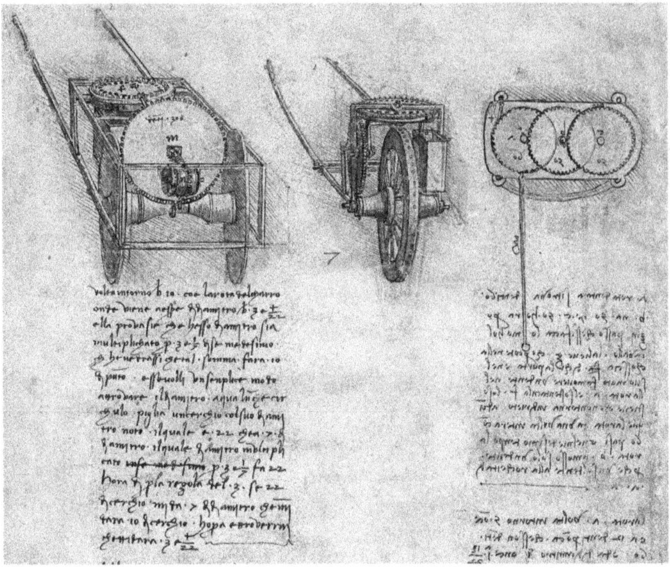

Zwei Hodometer und ein Schrittzähler von Leonardo[62]

Gestalt und Funktionsweise gleichen sie Leonardos Entwürfen beinahe aufs Zahnrad genau. Die erstaunlich präzise Vermessung des bereits gut ausgebauten Wegenetzes im Römischen Reich spricht für den intensiven Einsatz des Hodometers. Unter Kaiser Caracalla (188–217 n. Chr.) entsteht bereits die erste Straßenkarte des gewaltigen Imperiums. Sie wird nach dem Beinamen des Kaisers »Itinerarium Antonini« genannt und gilt als Beweis antiker Messkunst. Das weiß Leonardo natürlich ebenfalls. Daher will er mit seinen Skizzen der Hodometer im Codex Atlanticus denn auch keine Erfindungen für sich geltend machen, sondern lediglich gängige Praxis auf brillante Weise abbilden.

Wagen mit Eigenantrieb oder die 15 genialsten Meter der Autogeschichte

Unglaublich, aber wahr: In der Zeit vor dem Auto haben sich unsere Vorfahren nicht ununterbrochen in Sehnsucht nach einem derart rasanten Beförderungsmittel verzehrt! So ist der allgemeine Aufbruch in der Renaissance auch nicht als Beschleunigungsfantasie zu verstehen. Man will nicht einfach, dass alles nur und um jeden Preis schneller geht. Das menschliche Maß muss nämlich erst noch erkundet werden, nachdem das göttliche nicht mehr allein verbindlich ist. Dafür aber darf man nicht in irrwitziger Geschwindigkeit unterwegs sein. Wozu 50-mal schneller fahren, als die eigenen Füße einen tragen? Man will doch nicht vor sich selber fliehen. Für den Alltag genügt die Schrittgeschwindigkeit, bei längeren Reisen nimmt man den Ochsen- oder den Eselskarren, und wenn es wirklich mal ganz schnell gehen muss, setzt man sich aufs Pferd. Kein Bedarf also für ein Automobil. Leonardo entwirft trotzdem ein »selbst bewegendes Fahrzeug«. Gefährte aller Art ziehen in seinen Aufzeichnungen ohnehin großes Interesse auf sich: Panzer (siehe S. 200 ff.), Sichelwagen, ein Fuhrwerk für den Transport gewaltiger Glocken und eines für Kanonen, Karren mit Lenksystem und nicht zuletzt seine Hodometer (siehe S. 264 ff.). Und nun also noch ein sich selbst antreibender Wagen.

Der Entwurf des Automobils fällt noch in seine Zeit bei

Verrocchio. Etwa 1478 zeichnet der 26-Jährige einen Apparat mit vier Rädern. Da Leonardo die perspektivische Darstellung perfekt beherrscht, erkennt der Betrachter sofort die Besonderheit der Konstruktion. Die Räder sind nicht etwa in geläufiger Weise paarig angeordnet, vielmehr handelt es sich bei dem skizzierten Objekt um ein Dreirad, dem ein viertes, an einer Stange befestigtes Rad nachläuft. Es soll offensichtlich der Lenkung des Wagens dienen. An den Antriebsrädern greift wiederum ein Stockgetriebe an, das mit Zahnrädern in Verbindung steht. Auf demselben Folio liefert Leonardo noch eine Draufsicht. Hier fallen zwei große Zahnräder ins Auge sowie verschiedene Federn, die in dem exakt quadratischen Gestell verankert sind. Da Leonardo seiner Skizze keinerlei Erklärungen zur Seite stellt, eröffnet sich Raum für Spekulationen. So werden die beiden kleinen Zahnräder im vorderen Teil oft als Aufziehmechanismen interpretiert, weil sie mit zwei gebogenen Federn in Kontakt stehen. Mario Taddei und Edoardo Zanon vermuten hingegen, dass diese Zahnräder auf der vertikalen Achse sitzen, an der sich auch das Stockgetriebe befindet. Schaut man sich die obere Zeichnung auf dem Folio an, fehlen dort aber jene beiden Zahnräder. Außerdem liegt die Achse der Räder wesentlich weiter hinten als die besagten Zahnräder. Taddei und Zanon haben in ihre Computergrafik eine kleine Kurbel in die vordere Feder ihres Modells eingefügt, mit deren Hilfe die Antriebsfedern aufgezogen werden sollen.

Auf welche Weise sich das Gefährt selbst antreibt, bleibt lange im Dunkeln. Bis ins Jahr 1928 interessiert sich ohnehin niemand für Leonardos Skizze. Erst zu dieser Zeit interpretiert der Elektroingenieur Guido Semenza (1868–

1929) Folio 812 des Codex Atlanticus als motorgetriebenes Fahrzeug. Sehr zur Freude Mussolinis, der seine italienischen Großmachtfantasien nun sogar mit dem Automobil befördern kann. Auf der großen Leonardo-Ausstellung, die 1939 das zweite italienische Genie nach dem Duce präsentiert, wird denn auch ein nach der Skizze von Leonardo entwickeltes »Rekonstruktionsmodell eines motorisierten Wagens mit Federantrieb, unabhängig arbeitenden Antriebsrädern und Differenzialmechanismus«[63] vorgestellt. Allerdings funktioniert der vor 450 Jahren erdachte Super-Fiat nicht, was jedoch kaum auffällt, da die Modelle nicht in Aktion zu erleben sind. Aus gutem Grund!

Es ist unmittelbar einsichtig, dass die Blattfedern auf Leonardos Skizze den Wagen nicht antreiben können. Weder jene, die über die beiden großen Zahnräder laufen, noch die im hinteren Teil durch Seile oder Spanngummis über Kreuz miteinander verbundenen. Da die Federn entweder an den beiden kleinen oder den zwei großen Zahnrädern anliegen, können sie im besten Fall den Lauf des Automobils hemmen, aber es in Fahrt zu bringen vermögen sie nicht.

Erst im Jahr 1975 kommt dem Leonardo-Forscher Carlo Pedretti eine Idee, wie man dem verehrten Renaissance-Genie doch noch die Erfindung eines selbstbewegenden Fahrzeugs zueignen kann. Was wäre denn, wenn die beiden großen Zahnräder von darunterliegenden Sprungfedern angetrieben würden und die gezeichneten Blattfedern andere Aufgaben hätten? Gemeinsam mit Mario Taddei und Edoardo Zanon erarbeitet er in den Neunzigerjahren ein entsprechendes Computermodell. 2004 entsteht daraufhin ein Prototyp. Der legt, »nachdem er sich in Bewegung gesetzt hatte, ohne anzuhalten über 15 Meter zurück«[64]. Dabei kann auch die Funktion der von Leonardo gezeichneten Blattfedern entschlüsselt werden. Sie bewirken tatsächlich eine Hemmung der Bewegung, damit die Spannung der Sprungfedern nicht in einem einzigen kraftvollen Impuls explodiert – woraufhin das Fahrzeug nur einen einzigen forschen Satz nach vorn machen würde –, sondern eine gleichmäßige Abgabe der Energie möglich wird. Das allerdings senkt den Wirkungsgrad der Maschine enorm, da dieser Mechanismus einen Teil der in den Sprungfedern gespeicherten Energie vernichtet. Etwa so, als ob man bei einem Auto den Motor permanent mit angezogener Handbremse regulieren würde.

Auch für die anderen auf der Skizze verstreuten Elemente finden die drei Leonardo-Forscher Verwendung. Darunter ist eine Winde, verschiedene Hebel, ein Seil zur Regulation, Nocken sowie eine Feststellbremse, die der Wagen nun tatsächlich benötigt, da er sonst sogleich nach dem manuellen Aufziehen losfahren würde. Nirgendwo allerdings sind die Sprungfedern zu entdecken. Ohne die jedoch setzt sich Leonardos Gefährt nicht in Bewegung. Nicht einmal für eine Strecke von 15 Metern. Auch die Trommeln unter den beiden großen Zahnrädern, in denen die Federn sitzen sollen, kann man auf keiner von Leonardos Skizzen sehen.

Der Geniekult um Leonardo erfährt durch Mussolinis Initiativen vielerlei Anregungen, die dankbar aufgenommen werden. So auch die Behauptung, Leonardo da Vinci habe den »Differenzialmechanismus« erfunden. Diese Legende wird dank faschistischer Propaganda ungesehen geglaubt und eifrig weiterverbreitet: »Die Hinterräder sind mit einem

Differenzialgetriebe ausgerüstet und sind in der Lage, sich unabhängig von den Vorderrädern zu bewegen«[65], schreibt Marco Cianchi in seinem Buch *Die Maschinen Leonardo da Vincis*, und auch Charles Gibbs-Smith preist Leonardos vermeintliche Erfindung des Differenzialgetriebes in höchsten Tönen: »Nicht einmal die ersten Automobile waren mit einem solch raffinierten Mechanismus ausgestattet.«[66]

Das Differenzialgetriebe kann mit gutem Recht als raffinierter Mechanismus bezeichnet werden. Es übernimmt im Auto die Verteilung des Drehmoments auf die beiden Räder einer Achse, da diese sich nur bei der Geradeausfahrt gleich schnell drehen. In Kurven beispielsweise muss das äußere Rad eine längere Strecke zurücklegen, damit es mit dem Innenrad auf gleicher Höhe bleibt. Bei gezogenen Karren aller Art fällt dieser Effekt nicht auf, weil sich deren Räder frei bewegen können. Wenn der Antrieb jedoch direkt über die Achse erfolgt, rutscht das Innenrad und blockiert im Extremfall, was eine sichere Fahrt unmöglich macht. Die frühen Autoingenieure behelfen sich, indem sie den Antrieb nur auf ein Rad übertragen. Diese Lösung erweist sich jedoch als unbefriedigend, da die Bodenhaftung und die Abnutzung der Reifen unterschiedlich sind. Das Differenzialgetriebe schafft hier Abhilfe. Zuerst wird die Achse in der Mitte geteilt, wo nun zwei kegelförmige Zahnräder sitzen, in die ein passendes Zahnrad als Gegenstück greift. Im Geradeauslauf treibt dieses Gegenstück die beiden Achsabschnitte, die zum rechten beziehungsweise linken Rad führen, gleichmäßig an. Sobald dann das Außenrad in einer Kurve schneller laufen muss, kurbelt jenes vom Zahnrad gebildete Gegenstück weiter, dreht sich jedoch zugleich noch zusätzlich in sich, wodurch das äußere Rad mehr Drehmoment bekommt. Diese Regulation wird zwar vom Differenzialgetriebe ermöglicht, die Anforderung des zusätzlichen Drehimpulses kommt jedoch vom Rad, womit für eine auf jede Fahrsituation angepasste Steuerung gesorgt ist.

Leonardo weiß von alldem nichts. Selbst wenn er sein Fahrzeug mit Eigenantrieb in Gang bekommen hätte, wären die Effekte der unterschiedlichen Radumdrehungen kaum aufgefallen. Dazu hatten die aus Holz gefertigten Zahnräder seiner Zeit zu viel Spiel. Aus seinen Skizzen geht denn auch kein Vorschlag für ein Differenzialgetriebe hervor. Im Gegenteil konzipiert Leonardo sogar die direkte Verbindung der beiden großen Antriebszahnräder miteinander, wodurch sie – vorausgesetzt, sie könnten sich überhaupt bewegen – dasselbe Drehmoment auf die beiden Räder übertragen würden, selbst noch, wenn er auf die Idee gekommen wäre, die Achse zu teilen, wofür es allerdings keinerlei Belege gibt.

Leonardo hat folglich weder das Differenzialgetriebe noch das Automobil erfunden. Wahrscheinlich gehört seine Skizze, die im 20. Jahrhundert als Entwurf eines selbstbewegenden Fahrzeugs interpretiert wird, zu einer Reihe von Studien, die er in Verrocchios Werkstatt durchführt, um das Ingenieurswissen seiner Zeit zu erfassen. Dabei eignet er sich das Überlieferte an, indem er es kopiert und dabei spielerisch verändert. Zu seinen Vorlagen gehören unter anderem die Werke des eine Generation älteren Francesco di Giorgio Martini sowie die des »Archimedes von Siena«, wie der in Leonardos Geburtsjahr verstorbene Taccola genannt wurde. Beide Künstler und Ingenieure geben in ih-

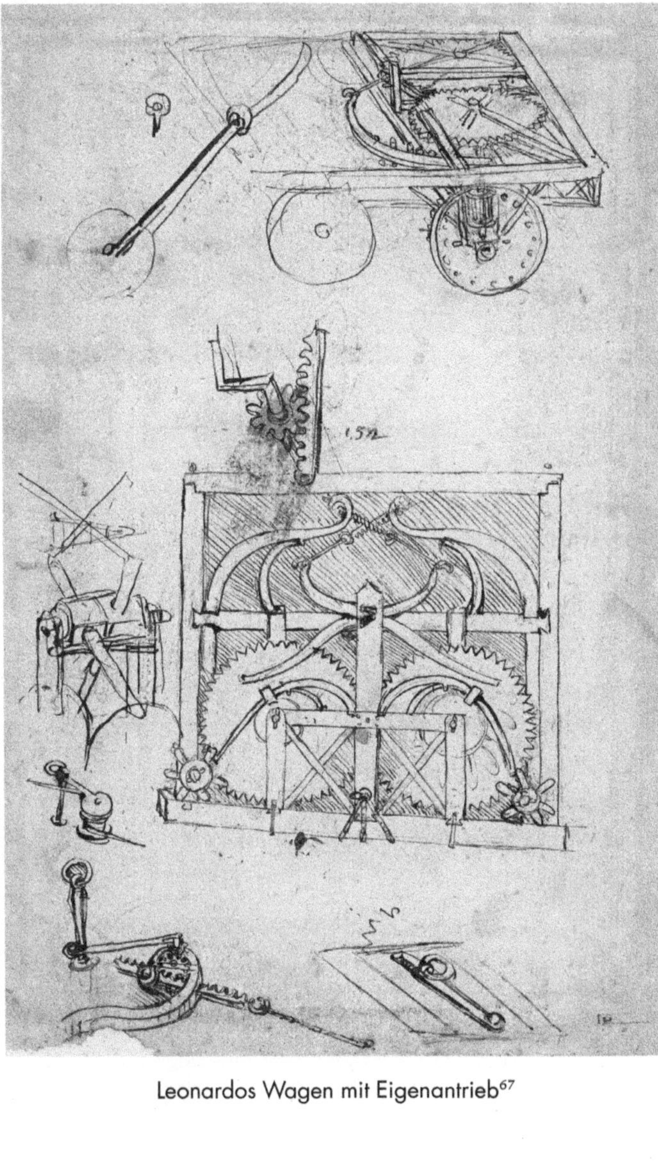

Leonardos Wagen mit Eigenantrieb[67]

ren Schriften reichlich Beispiele für Fahrzeuge mit teilweise hochkomplexen Zahnradarrangements.

Als Guido Semenza die Erfindung des Autos 1928 in Leonardos Manuskripten zu finden meint, fährt es schon über vierzig Jahre munter durch die Gegend. Für den deutschen Ingenieur Carl Benz (1844–1929) gab es also keine Gelegenheit, sich von Leonardos Ideen für den Bau seines Benz-Motorwagens Nummer 1 anregen zu lassen, den er bereits 1886 beim Patentamt einreichte. Hätte er das Folio 812 sehen können, wäre möglicherweise ein Schmunzeln über Benz' Gesicht gehuscht, konstruierte er doch sein erstes Auto ebenfalls als Dreirad. Doch bald darauf wäre sein Interesse erloschen, denn das Kernstück seiner Erfindung hat mit der Mechanik der Renaissance nichts mehr gemein. Der von Benz entwickelte Viertakt-Verbrennungsmotor, der seinen Wagen mit knapp einem PS bis auf 16 Stundenkilometer antreibt, schlägt ein völlig neues Kapitel der Ingenieurswissenschaft und der Mobilität auf. Heute erreichen die Spitzenmodelle der Marke Geschwindigkeiten von über 450 Stundenkilometern. Allerdings nur bei Testfahrten, da sich mittlerweile 1,3 Milliarden Autos auf den Straßen des Planeten drängeln und allerorten Staus verursachen, sodass man zu Leonardos Zeiten mit einem Ochsenkarren sicher oft schneller vorankam.

Der Trommelautomat oder wie Leonardo den Takt schlägt

Leonardo da Vinci war offenbar ein ausgesprochen schöner Mann. »Von wohlproportionierter und anmutiger Gestalt«,[68] ist in den Berichten über ihn zu lesen, die sich »mit blendenden Anlagen«[69] und »freigebiger Güte«[70] aufs Beste vereinen. Auch soll er so muskulös gewesen sein, dass er ein »Hufeisen mit den Händen gerade biegen«[71] konnte. Ross King bezeichnet Leonardo denn auch als »Inbegriff männlicher Schönheit«[72]. Giorgio Vasari nennt ihn gar »bewundernswert und göttlich«[73] und rühmt unter den vielen Talenten Leonardos auch sein Lyraspiel, zu dem er »herrlich sang aus dem Stegreif zum Klang des Instruments«[74]. Leonardo versteht es, mit seinem gewinnenden Wesen große Abendgesellschaften zu bezaubern, und so tut denn der Mailänder Herzog il Moro gut daran, den vielseitigen Künstler nicht als Kriegsingenieur zu beschäftigen, als der er sich beworben hat, sondern ihn eher mit der Organisation der schönen Dinge des Lebens zu betrauen. So zeichnet Leonardo für die Ausrichtung von Festen und die Ausstattung von Theateraufführungen verantwortlich. Er entwirft Kleider und Kulissen, firmiert zugleich auch als charismatischer Spielmeister, der den Hof mit virtuosen Zaubereien in Staunen versetzt. In seinen Notizbüchern gibt er an, wie er Weißwein in Rotwein verwandelt, indem er ein Gallapfelkonzentrat herstellt und filtriert. »Wenn du den Weißwein nun mit solchem Wasser verdünnst, so wird er dunkelrot werden.«[75] Auch mit den in der Renaissance in Mode kommenden Automaten beschäftigt sich Leonardo, bieten sie doch eine hervorragende Möglichkeit, Illusionen zu erzeugen. Vasari schreibt von einem künstlichen Löwen, den Leonardo geschaffen haben soll, »der einige Schritte gehen konnte und dann und wann die Brust öffnete, die voller Lilien war«[76]. Wie weit Leonardo auf diesem Gebiet tatsächlich gekommen ist, kann nicht seriös eingeschätzt werden, da er diesbezüglich weder Skizzen noch Notizen hinterlassen hat.

Gleichwohl bekommt man beim Studium seiner mechanischen Trommel einen Eindruck davon, wie Leonardo die Möglichkeiten der Mechanik ausreizen möchte. Die Rötelzeichnung, die auf die Zeit zwischen 1503 und 1505 datiert wird, zeigt einen zweirädrigen Karren mit einem mächtigen Schlaginstrument von der Größe einer Pauke. Die Enden der fünf auf dem Fell aufliegenden Schlegel führen zur mechanischen Steuerung des Instruments, die von der Achse her angetrieben wird. Ein Noppenrad überträgt den Drehimpuls auf zwei Walzen, die gegenläufig rotieren. Der Clou des Trommelautomaten sind jedoch die Stifte, die wahrscheinlich über einen Federmechanismus die Schläge auslösen sollen. Sie werden in die Walzen gesteckt. Leonardo platziert sie in seiner Skizze jeweils diagonal, sodass fünf Schläge im selben Rhythmus erfolgen, sobald ein Spielmann den Karren an der Deichsel hinter sich herzieht.

Doch in dieser Vorrichtung steckt noch mehr Potenzial, da man die Stifte auf der Walze beliebig anordnen und dadurch verschiedene Takte erzeugen könnte. Zwar hat Leonardo dafür kein Beispiel gegeben, aber die Idee liegt beim Betrachten seiner Zeichnung geradezu auf der Hand. Daher darf man die mechanische Trommel mit Recht als Automaten bezeichnen. Sie ist eine frühe *drum machine*, die je nach Programmierung mit ihren zwei mal fünf Schlegeln verschiedene Rhythmen erzeugen kann. Weiterhin ist es möglich, die Stifte auch parallel zu stecken, sodass Akzentuierungen bestimmter Schläge ebenfalls zum Leistungsprofil des Apparats gehören. Besonders variationsreich wird der Schlagzeugeinsatz durch die zwei unterschiedlich zu programmierenden Walzen, die auch kontrapunktisch arrangierte Rhythmen auf beiden Trommelseiten ermöglichen. Leonardo gibt an anderer Stelle noch einen Hinweis, wie über den Rhythmus hinaus auch noch Klang und Tonhöhe zu verändern wären, indem »auf demselben Trommelkörper verschieden gespannte Felle verschiedene Töne hervorbringen«[77].

Für seinen Rhythmusapparat sieht Leonardo zwei Betriebsarten vor. Zum einen kann ihn ein Spielmann möglichst gleichmäßig hinter sich herziehen. Ein Einsatz auf dem Schlachtfeld ist gut vorstellbar, um die Soldaten mit martialischen Rhythmen für den Angriff anzuspornen. Doch das Gerät kann ebenso einem höfischen Fest oder einer Theateraufführung besonderen Glanz verleihen. Dafür sieht Leonardo auch den Betrieb des Trommelautomaten im Stand vor. Die Bewegung der Walzen, die ansonsten durch das Rollen der Räder hervorgerufen wird, leistet dann eine außen an der Laufachse angebrachte Kurbel. Wie in diesem Fall die Entkoppelung der Räder vonstattengehen soll, damit der Wagen nicht von der Kurbel angetrieben losfährt, erklärt die Zeichnung allerdings nicht.

Es ist zwar gänzlich verfehlt, Leonardo als Erfindergenie zu bezeichnen, trotzdem aber erschließt er neue Räume des Wissens. Insofern hätte er nicht nur seinem Trommelautomaten den Takt vorgeben können, sondern auch seinen Nachgeborenen. Durch seine unstillbare Neugier, mit der er alles, was sich seinen Augen zeigt, hartnäckig befragt und in immer neuen Anläufen bedenkt und skizziert, wagt er den Schritt in eine neue Form der Empirie. Auf der Grundlage der Erfahrung versucht er die Theoriebildung, denn alle Wissenschaften sind ihm eitel »und voller Irrtümer, die nicht geboren wurden aus der Erfahrung, der Mutter jeder Gewissheit, oder nicht in einer bekannten Erfahrung enden, das heißt solche, bei denen weder Ursprung noch Mittelweg noch Ende durch einen der fünf Sinne hindurchgehen«[79]. So eröffnet er einen Wissenshorizont, der von der Akustik, der Anatomie, von Botanik und Astronomie über die Mechanik, die Flugkunde, die Hydraulik und die Geografie bis hin zur Kriegskunde, zu Optik, Medizin und Musik reicht. Tragischerweise nimmt sich Leonardo nicht die Zeit, seinen Ansatz in Büchern auszuformulieren, an denen sich nachfolgende Generationen hätten abarbeiten können. So bleiben nur seine Notizen, die durch Unverstand dezimiert und dann über ganz Europa verstreut werden, wo sie in Privatbesitz oder in königlichen Bibliotheken verstauben. Dabei wäre Leonardo in der Lage gewesen, der beginnenden Moderne einen entscheidenden Impuls zu geben, der vielleicht dazu beigetragen hätte, die rasche und in der Folge schicksalhafte Fixierung auf Rationalität zumindest noch einmal

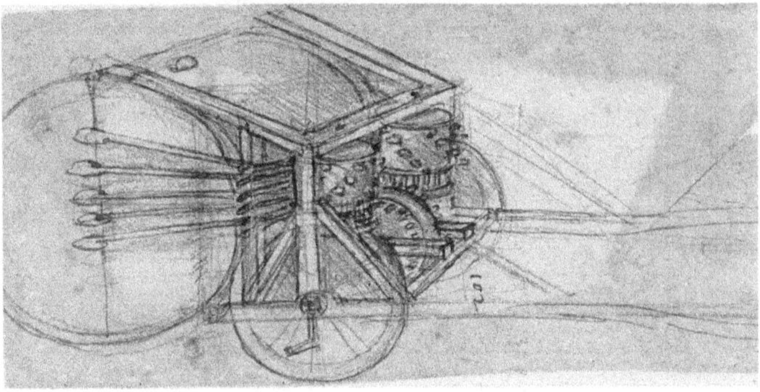

Mechanische Trommel von Leonardo da Vinci[78]

zur Diskussion zu stellen. Denn Leonardo macht ein Denken stark, das ein wenig mehr als die kalte Logik der technischen Machbarkeit kennt. Er scheut sich nicht vor Abwegen und exzentrischen Spekulationen, er besteht auf einem Denken in Analogien, wo bald nur noch strenge Kausalität gefragt sein wird, und er versucht beharrlich, dem Subjektiven Gehör zu verschaffen, während bald nur noch objektive, das heißt unabhängig vom Individuum an jedem Punkt des Planeten nachzuvollziehende Resultate zählen werden. Leonardo wollte Wissenschaft, aber möglicherweise keine Wissenschaft der ausschließlich harten Fakten, sondern eine, die den Menschen in den Mittelpunkt stellt. In diesem Punkt verkörpert Leonardo die Renaissance konsequent. Er setzt auf Erkenntnisse, in die alle Facetten des Menschen mit eingehen dürfen, auch seine bis in die Fantasie geschärfte Wahrnehmung, seine künstlerische Überhöhung der Realität, seine Träume und Sehnsüchte. Sicher, mit dieser Art der wilden Wissenschaft kann man nur sehr eingeschränkt technische Dinge erfinden. An das Fliegen wäre nicht zu denken, nicht an das Tauchen mit dem U-Boot oder das Autofahren. Dafür aber käme man mit Leonardos Methode auch nicht in Versuchung, in einer Zeitspanne, die erdgeschichtlich gesehen weniger als einen Wimpernschlag dauert, über die Hälfte der biologischen Arten auszurotten und die Ressourcen so schamlos zu plündern, dass in einem Jahr fünfmal so viel verbraucht wird, wie unser Planet regenerieren kann. Leonardo sieht diese Entwicklung mit seiner scharfen Intuition voraus: »Unzählige werden Dinge von sehr hohem Wert ohne die Erlaubnis des Besitzers öffentlich und ungestört verkaufen, obwohl sie ihnen nie gehört haben, und die menschliche Gerechtigkeit wird nichts dagegen unternehmen.«[80] Wenn Leonardos schwebend-intensive Aufmerksamkeit für alles, was geschieht, kultiviert worden wäre, anstatt die Scheuklappen anzulegen, um nur noch den konsumgetriebenen technischen Fortschritt im Blick zu haben, wären vielleicht die Bedürfnisse des Menschen nicht derart aus dem Ruder geraten. Auf jeden Fall würde dann unsere Lebenswelt nicht mit einer Unzahl von Gerätschaften zugemüllt, die niemand braucht. Die menschlichen Abgründe hat Leonardo ebenfalls klar gesehen, und in seinem berühmten Stoßseufzer weiß er auch ein Mittel, sollten sie Oberhand gewinnen und die Menschen »keine Grenze kennen« in ihrer Bosheit. »O Erde, warum tust du dich nicht auf? Warum stürzest du sie nicht in die tiefen Spalten deiner riesigen Abgründe und Höhlen und bietest dem Himmel nicht mehr den Anblick eines so grausigen und entsetzlichen Unwesens?«[81] Dem ist nichts hinzuzufügen.

Dank

Mein Dank geht zuerst an Stefan Mayr, der mir die Idee zu diesem Buch einflüsterte. Weiterhin danke ich Gisela Eckoldt und René Weiland für ihre genaue Erstlektüre des Manuskripts und ihre konstruktive Kritik. Antonin Urban danke ich für die Beratung in technischen Fragen.

Und ich danke meiner Frau – für alles!

Register

Anmerkungen

Motto

1 Leonardo da Vinci: Codex Atlanticus, folio 119v

Vorwort

1 Giorgio Vasari: Das Leben des Leonardo da Vinci. Wagenbach 2006, S. 17
2 ebd. S. 37
3 ebd. S. 21

WASSER

1 Leonardo da Vinci: Das Wasserbuch. Schriften und Zeichnungen. Schirmer/Mosel 1996, S. 63
2 ebd. S. 34
3 ebd. S. 53
4 ebd. S. 58
5 ebd. S. 55
6 Yuval Noa Harari: Homo Deus. Eine Geschichte von Morgen. C.H. Beck 2017, S. 303
7 Immanuel Kant: Beantwortung der Frage: Was ist Aufklärung? In: Berlinische Monatsschrift, 1784, 2, S. 481–494
8 Leonardo da Vinci: Das Wasserbuch. Schriften und Zeichnungen. Schirmer/Mosel 1996, S. 46
9 1. Buch Mose, Kapitel 7, 20
10 Leonardo da Vinci: Das Wasserbuch. Schriften und Zeichnungen. Schirmer/Mosel 1996, S. 53

11 ebd. S. 53
12 ebd. S. 58
13 ebd. S. 7
14 Karl Jaspers: Lionardo als Philosoph. In: Marianne Schneider (Hrg.): Unterwegs zu Leonardo. Schirmer/Mosel 2006, S. 131
15 Michel de Montaigne: Essais. Erste moderne Gesamtübersetzung von Hans Stilet. Die Andere Bibliothek. Eichborn 1998, S. 5
16 ebd. S. 5
17 Leonardo da Vinci: Traktat von der Malerei. Eugen Diederichs 1909, S. 5
18 Karl Jaspers: Lionardo als Philosoph. In: Marianne Schneider (Hrg.): Unterwegs zu Leonardo. Schirmer/Mosel 2006, S. 76
19 Paul Valéry: Einführung in die Methode des Leonardo da Vinci. In: Marianne Schneider (Hrg.): Unterwegs zu Leonardo. Schirmer/Mosel 2006, S. 25
20 Leonardo da Vinci: Das Wasserbuch. Schriften und Zeichnungen. Schirmer/Mosel 1996, S. 58
21 ebd. S. 13
22 ebd. S. 24
23 Oswald Spengler: Der Untergang des Abendlandes. Umrisse einer Morphologie der Weltgeschichte. C. H. Beck'sche Verlagsbuchhandlung 1923, S. 3
24 Leonardo da Vinci: Das Wasserbuch. Schriften und Zeichnungen. Schirmer/Mosel 1996, S. 18
25 Paul Valéry: Einführung in die Methode des Leonardo da Vinci. In: Marianne Schneider (Hrg.): Unterwegs zu Leonardo. Schirmer/Mosel 2006, S. 29
26 Martin Kemp: Leonardo. C. H. Beck 2005, S. 26
27 Leonardo da Vinci: Das Wasserbuch. Schriften und Zeichnungen. Schirmer/Mosel 1996, S. 17
28 Hermann Grothe: Leonardo da Vinci als Ingenieur und Philosoph. Nicolaische Verlags-Buchhandlung 1874, S. 65
29 Marco Cianchi: Die Maschinen Leonardo da Vincis. Becocci Editore o.J., S. 26
30 Karl Jaspers: Lionardo als Philosoph. In: Marianne Schneider (Hrg.): Leonardo da Vinci. Eine Biographie in Zeugnissen. Selbstzeugnissen. Dokumenten und Bildern. Schirmer/Mosel 2002, S. 147

31 Ross King: Leonardo und das Letzte Abendmahl. Knaus 2012, S. 53
32 Marianne Schneider (Hrg.): Leonardo da Vinci. Eine Biographie in Zeugnissen. Selbstzeugnissen. Dokumenten und Bildern. Schirmer/Mosel 2002, S. 70
33 Leonardo da Vinci: Das Wasserbuch. Schriften und Zeichnungen. Schirmer/Mosel 1996, S. 18
34 ebd. S. 27
35 ebd. S. 84
36 ebd.
37 ebd.
38 ebd. S. 24
39 Ross King: Leonardo und das Letzte Abendmahl. Knaus 2012, S. 39 f.
40 Bertrand Gille: Ingenieure der Renaissance. Econ 1968, S. 189
41 Leonardo da Vinci: Das Wasserbuch. Schriften und Zeichnungen. Schirmer/Mosel 1996, S. 59
42 ebd. S. 59
43 ebd.
44 ebd. S. 49
45 ebd. S. 26
46 ebd. S. 44
47 ebd. S. 45
48 ebd. S. 44
49 Emma Dickens: Das Da-Vinci-Universum. Die Notizbücher des Leonardo. Ullstein 2006, S. 108
50 ebd. S. 56
51 ebd. S. 109
52 Leonardo da Vinci: Das Wasserbuch. Schriften und Zeichnungen. Schirmer/Mosel 1996, S. 46
53 ebd. S. 73
54 ebd.
55 Codex Atlanticus, aus: Hermann Grothe: Leonardo da Vinci als Ingenieur und Philosoph. Nicolaische Verlags-Buchhandlung 1874, S. 63 f.
56 Dmitri Sergejewitsch Mereschkowski: Leonardo da Vinci. Das Leben des genialen Künstlers und Universalgelehrten. Ein biografischer Roman. kindle-edition 2017, Position 996
57 Leonardo da Vinci: Das Wasserbuch. Schriften und Zeichnungen. Schirmer/Mosel 1996, S. 37

58 ebd.
59 ebd. S. 18
60 ebd.
61 ebd. S. 45
62 ebd. S. 32
63 ebd. S. 40
64 ebd. S. 41
65 ebd. S. 32
66 ebd. Tafel 8
67 ebd. S. 73
68 Domenico Laurenza, Mario Taddei, Edoardo Zanon: Leonardo dreidimensional. Mit Computergrafiken auf der Spur des genialen Erfinders. Belser 2006, S. 179
69 ebd. S. 179
70 ebd. S. 182 f.
71 Charles Gibbs-Smith: Die Erfindungen von Leonardo da Vinci. Rhenania 1984, S. 73
72 Leonardo da Vinci: Codex Atlanticus, folio 4r
73 ebd. folio 7r
74 ebd.
75 Charles Gibbs-Smith: Die Erfindungen von Leonardo da Vinci. Rhenania 1984, S. 76
76 ebd. S. 7
77 http://www.museoscienza.org/english/activities/leonardo39/, abgerufen am 31. 10. 2018
78 Marco Cianchi: Die Maschinen Leonardo da Vincis. Becocci Editore o. J., S. 5
79 ebd.
80 Leonardo da Vinci: Codex Atlanticus, folio 7r
81 Bertrand Gille: Ingenieure der Renaissance. Econ 1968, S. 182
82 Leonardo da Vinci: Codex Atlanticus, folio 384r
83 Domenico Laurenza, Mario Taddei, Edoardo Zanon: Leonardo dreidimensional. Mit Computergrafiken auf der Spur des genialen Erfinders. Belser 2006, S. 142
84 ebd. S. 140
85 Leonardo da Vinci: Pariser Manuskripte, Manuskript E, folio 75v
86 Domenico Laurenza, Mario Taddei, Edoardo Zanon: Leonardo drei-

dimensional. Mit Computergrafiken auf der Spur des genialen Erfinders. Belser 2006, S. 141 ff.

87 Charles Gibbs-Smith: Die Erfindungen von Leonardo da Vinci. Rhenania 1984, S. 77

88 ebd.

89 Marco Cianchi: Die Maschinen Leonardo da Vincis. Becocci Editore o.J., S. 40

90 Leonardo da Vinci: Das Wasserbuch. Schriften und Zeichnungen. Schirmer/Mosel 1996, S. 75

91 Leonardo da Vinci: Codex Atlanticus, folio 333v

92 Leonardo da Vinci: Pariser Manuskripte, Manuskript G, folio 50v

93 Jobst Broelmann: Das Unterseeboot – Auftauchende Technologien. Deutsches Museum 2012, S. 11

94 ebd.

95 ebd. S. 13

96 Leonardo da Vinci: Pariser Manuskripte, Manuskript B, folio 11r

97 Jobst Broelmann: Das Unterseeboot – Auftauchende Technologien. Deutsches Museum 2012, S. 66

98 ebd. S. 146

99 ebd. S. 131

LUFT

1 Bertrand Gille: Ingenieure der Renaissance. Econ 1968, S. 32

2 ebd.

3 Karl Kerényi: Die Mythologie der Griechen, Bd. 2. dtv 1988, S. 185

4 Leonardo da Vinci: Tagebücher und Aufzeichnungen. Hrsg. von Theodor Lücke. Paul List Verlag 1953, S. 295

5 Leonardo da Vinci: Der Vögel Flug. Hrsg. und übersetzt von Marianne Schneider. Schirmer/Mosel 2000, S. 103

6 ebd.

7 ebd. S. 78

8 Giorgio Vasari: Das Leben des Leonardo da Vinci. Wagenbach 2006, S. 22

9 Dmitri Sergejewitsch Mereschkowski: Leonardo da Vinci. Das Leben des genialen Künstlers und Universalgelehrten. Ein biografischer Roman. kindle-edition 2017, Position 11 238

10 Leonardo da Vinci: Der Vögel Flug. Hrsg. und übersetzt von Marianne Schneider, Schirmer/Mosel 2000, S. 94
11 ebd. S. 102
12 Sigmund Freud: Eine Kindheitserinnerung des Leonardo da Vinci. Schriften zur angewandten Seelenkunde 1910, S. 22
13 ebd. S. 23
14 ebd. S. 64
15 ebd. S. 37
16 ebd. S. 59
17 ebd. S. 24
18 ebd. S. 26
19 Dmitri Sergejewitsch Mereschkowski: Leonardo da Vinci. Das Leben des genialen Künstlers und Universalgelehrten. Ein biografischer Roman. kindle-edition 2017, Position 7482
20 Leonardo da Vinci: Tagebücher und Aufzeichnungen. Hrsg. von Theodor Lücke. Paul List Verlag 1953, S. 893
21 ebd.
22 ebd.
23 Ross King: Leonardo und das Letzte Abendmahl. Knaus 2012, S. 109
24 ebd. S. 110
25 Sigmund Freud: Eine Kindheitserinnerung des Leonardo da Vinci. Schriften zur angewandten Seelenkunde 1910, S. 18
26 ebd.
27 Kurt Eisler: Leonardo da Vinci. Psychoanalytische Notizen zu einem Rätsel. Stroemfeld/Roter Stern 1992, S. 267
28 Martin Kemp: Leonardo. C. H. Beck 2005, S. 60
29 Ross King: Leonardo und das Letzte Abendmahl. Knaus 2012, S. 123
30 Leonardo da Vinci: Der Vögel Flug. Hrsg. und übersetzt von Marianne Schneider. Schirmer/Mosel 2000, S. 96
31 ebd.
32 ebd.
33 ebd.
34 ebd. S. 30
35 ebd. S. 38
36 ebd.
37 ebd. S. 78
38 ebd. S. 80

39 ebd. S. 56
40 Ettore Lojacono: René Descartes. Spektrum der Wissenschaft – Biographie 2001, S. 53
41 Leonardo da Vinci: Der Vögel Flug. Hrsg. und übersetzt von Marianne Schneider. Schirmer/Mosel 2000, S. 58
42 ebd.
43 ebd.
44 Hans Donalies: Leonardo da Vinci's Flugtheorie. Deutsche Luftfahrerzeitschrift, XVI. 1912, S. 8
45 Leonardo da Vinci: Tagebücher und Aufzeichnungen. Hrsg. von Theodor Lücke. Paul List Verlag 1953, S. 315
46 ebd.
47 Leonardo da Vinci: Der Vögel Flug. Hrsg. und übersetzt von Marianne Schneider. Schirmer/Mosel 2000, S. 58
48 Wolf-Dieter Busching: Handbuch der Gefiederkunde europäischer Vögel. Aula 1997, S. 67
49 Leonardo da Vinci: Tagebücher und Aufzeichnungen. Hrsg. von Theodor Lücke. Paul List Verlag 1953, S. 310
50 ebd.
51 Leonardo da Vinci: Der Vögel Flug. Hrsg. und übersetzt von Marianne Schneider. Schirmer/Mosel 2000, S. 13
52 Ross King: Leonardo und das Letzte Abendmahl. Knaus 2012, S. 368
53 Leonardo da Vinci: Der Vögel Flug. Hrsg. und übersetzt von Marianne Schneider. Schirmer/Mosel 2000, S. 40
54 Leonardo da Vinci: Tagebücher und Aufzeichnungen. Hrsg. von Theodor Lücke. Paul List Verlag 1953, S. 316
55 ebd.
56 ebd.
57 ebd. S. 317
58 Leonardo da Vinci: Der Vögel Flug. Hrsg. und übersetzt von Marianne Schneider. Schirmer/Mosel 2000, S. 43
59 Leonardo da Vinci: Tagebücher und Aufzeichnungen. Hrsg. von Theodor Lücke. Paul List Verlag 1953, S. 317
60 Leonardo da Vinci: Der Vögel Flug. Hrsg. und übersetzt von Marianne Schneider, Schirmer/Mosel 2000, S. 60
61 ebd. S. 42
62 Leonardo da Vinci: Codex Atlanticus, folio 1058v

63 Ross King: Leonardo und das Letzte Abendmahl. Knaus 2012, S. 279
64 https://de.wikipedia.org/wiki/Tommaso_Masini
65 https://en.wikipedia.org/wiki/Monte_Ceceri
66 Marco Cianchi: Die Maschinen Leonardo da Vincis. Becocci Editore o.J., S. 45
67 Woldemar von Seidlitz: Leonardo da Vinci, der Wendepunkt der Renaissance. Bd. 2. Julius Bard Verlag 1909, S. 234
68 Leonardo da Vinci: Der Vögel Flug. Hrsg. und übersetzt von Marianne Schneider, Schirmer/Mosel 2000, S. 68
69 ebd.
70 ebd.
71 ebd.
72 ebd. S. 83
73 ebd. S. 82
74 ebd. S. 84
75 Dmitri Sergejewitsch Mereschkowski: Leonardo da Vinci. Das Leben des genialen Künstlers und Universalgelehrten. Ein biografischer Roman. kindle-edition 2017, Position 758
76 ebd. Position 6293
77 ebd. Position 11238
78 Ross King: Leonardo und das Letzte Abendmahl. Knaus 2012, S. 368
79 ebd.
80 Leonardo da Vinci: Der Vögel Flug. Hrsg. und übersetzt von Marianne Schneider, Schirmer/Mosel 2000, S. 70
81 ebd. S. 72
82 ebd.
83 ebd.
84 Hans Donalies: Leonardo da Vinci's Flugtheorie. Deutsche Luftfahrerzeitschrift, XVI. 1912, S. 33 Anm. 7
85 ebd.
86 ebd. S. 33
87 ebd.
88 Wolf-Dieter Busching: Handbuch der Gefiederkunde europäischer Vögel. Aula 1997, S. 87
89 Leonardo da Vinci: Der Vögel Flug. Hrsg. und übersetzt von Marianne Schneider. Schirmer/Mosel 2000, S. 57

90 ebd. S. 56
91 ebd. S. 82
92 ebd.
93 ebd.
94 ebd.
95 ebd.
96 Woldemar von Seidlitz: Leonardo da Vinci, der Wendepunkt der Renaissance. Bd. 2. Julius Bard Verlag 1909, S. 234
97 Charles Gibbs-Smith: Die Erfindungen von Leonardo da Vinci. Rhenania 1984, S. 16
98 ebd.
99 ebd.
100 Leonardo da Vinci: Tagebücher und Aufzeichnungen. Hrsg. von Theodor Lücke. Paul List Verlag 1953, S. 370
101 ebd. S. 377
102 ebd.
103 ebd.
104 Charles Gibbs-Smith: Die Erfindungen von Leonardo da Vinci. Rhenania 1984, S. 19
105 ebd.
106 ebd. S. 18
107 Leonardo da Vinci: Tagebücher und Aufzeichnungen. Hrsg. von Theodor Lücke. Paul List Verlag 1953, S. 371
108 ebd.
109 ebd. S. 375
110 Woldemar von Seidlitz: Leonardo da Vinci, der Wendepunkt der Renaissance. Bd. 2. Julius Bard Verlag 1909, S. 235
111 Charles Gibbs-Smith: Die Erfindungen von Leonardo da Vinci. Rhenania 1984, S. 20
112 Domenico Laurenza, Mario Taddei, Edoardo Zanon: Leonardo dreidimensional. Mit Computergrafiken auf der Spur des genialen Erfinders. Belser 2006, S. 64 f.
113 Riccardo Niccoli: Luftfahrt. Menschen, Mythen und Maschinen. Die Geschichte des Fliegens. GeraMond 2013, S. 15
114 Leonardo da Vinci: Der Vögel Flug. Hrsg. und übersetzt von Marianne Schneider, Schirmer/Mosel 2000, S. 102
115 Charles Gibbs-Smith: Die Erfindungen von Leonardo da Vinci. Rhenania 1984, S. 20 f.

116 ebd. S. 78
117 ebd. S. 46
118 Otto Lilienthal: Der Vogelflug als Grundlage der Fliegekunst. Ein Beitrag zur Systematik der Flugtechnik. Aufgrund zahlreicher von O. und G. Lilienthal ausgeführter Versuche. R. Gaertners Verlagsbuchhandlung 1889, S. 186
119 Hans Donalies: Leonardo da Vinci's Flugtheorie. Deutsche Luftfahrerzeitschrift, XVI. 1912, S. 8
120 Leonardo da Vinci: Der Vögel Flug. Hrsg. und übersetzt von Marianne Schneider. Schirmer/Mosel 2000, S. 50
121 Charles Gibbs-Smith: Die Erfindungen von Leonardo da Vinci. Rhenania 1984, S. 15
122 Leonardo da Vinci: Codex Atlanticus, folio 381v A
123 Charles Gibbs-Smith: Die Erfindungen von Leonardo da Vinci. Rhenania 1984, S. 24
124 Leonardo da Vinci: Der Vögel Flug. Hrsg. und übersetzt von Marianne Schneider. Schirmer/Mosel 2000, S. 99
125 Leonardo da Vinci: Codex Atlanticus, folio 381v A
126 Leonardo da Vinci: Der Vögel Flug. Hrsg. und übersetzt von Marianne Schneider. Schirmer/Mosel 2000, S. 99
127 Leonardo da Vinci: Pariser Manuskripte, Manuskript G, folio 74r
128 Charles Gibbs-Smith: Die Erfindungen von Leonardo da Vinci. Rhenania 1984, S. 21
129 ebd.
130 Leonardo da Vinci: Pariser Manuskripte, Manuskript B, folio 83v
131 ebd.
132 ebd.
133 ebd.
134 Mario Taddei und Edoardo Zanon: Leonardos Maschinen. In der Werkstatt des genialen Erfinders. Theiss 2017, S. 53
135 https://www.youtube.com/watch?v=bEkOENzqGLU, abgerufen am 17.10.2018
136 John Gray Landels: Die Technik in der antiken Welt. C. H. Beck 1980, S. 76
137 Charles Gibbs-Smith: Die Erfindungen von Leonardo da Vinci. Rhenania 1984, S. 24
138 Leonardo da Vinci: Pariser Manuskripte, Manuskript B, folio 83v

139 Riccardo Niccoli: Luftfahrt. Menschen, Mythen und Maschinen. Die Geschichte des Fliegens. GeraMond 2013, S. 169
140 Charles Gibbs-Smith: Die Erfindungen von Leonardo da Vinci. Rhenania 1984, S. 24
141 https://vtol.org/hph, abgerufen am 17.10.2018

KRIEG

1 Dmitri Sergejewitsch Mereschkowski: Leonardo da Vinci. Das Leben des genialen Künstlers und Universalgelehrten. Ein biografischer Roman. kindle-edition 2017, Position 3283
2 Charles Gibbs-Smith: Die Erfindungen von Leonardo da Vinci. Rhenania 1984, S. 7
3 ebd.
4 ebd.
5 ebd.
6 Leonardo da Vinci: Tagebücher und Aufzeichnungen. Hrsg. von Theodor Lücke. Paul List Verlag 1953, S. 895
7 ebd. S. 657
8 ebd. S. 634
9 ebd.
10 ebd. S. 635
11 ebd.
12 Roberto Valturio: De re militari. Paris 1535, S. 229
13 Bertrand Gille: Ingenieure der Renaissance. Econ 1968, S. 118
14 ebd. S. 116
15 ebd. S. 122
16 Leonardo da Vinci: Codex Atlanticus, folio 9v
17 Leonardo da Vinci: Tagebücher und Aufzeichnungen. Hrsg. von Theodor Lücke. Paul List Verlag 1953, S. 645
18 ebd. S. 646
19 ebd. S. 665
20 ebd. S. 633
21 ebd.
22 ebd. S. 655
23 ebd.

24 ebd.
25 Militärgeschichte. Waffen und Kriegsführung von der Antike bis heute. Dorling Kindersley 2013, S. 86
26 Bertrand Gille: Ingenieure der Renaissance. Econ 1968, S. 217
27 Leonardo da Vinci: Tagebücher und Aufzeichnungen. Hrsg. von Theodor Lücke. Paul List Verlag 1953, S. 653
28 ebd. S. 654
29 ebd.
30 ebd.
31 Ross King: Leonardo und das Letzte Abendmahl. Knaus 2012, S. 15
32 Leonardo da Vinci: Tagebücher und Aufzeichnungen. Hrsg. von Theodor Lücke. Paul List Verlag 1953, S. 626
33 Ross King: Leonardo und das Letzte Abendmahl. Knaus 2012, S. 30
34 Leonardo da Vinci: Tagebücher und Aufzeichnungen. Hrsg. von Theodor Lücke. Paul List Verlag 1953, S. 632
35 ebd. S. 661
36 ebd.
37 ebd. S. 662
38 ebd.
39 Militärgeschichte. Waffen und Kriegsführung von der Antike bis heute. Dorling Kindersley 2013, S. 86
40 Aristoteles: Physik, 7. Buch. Barth-Verlag 1829, S. 173
41 Bertrand Gille: Ingenieure der Renaissance. Econ 1968, S. 343
42 Leonardo da Vinci: Codex Atlanticus, folio 26v
43 Roberto Valturio: De re militari. Paris 1535, S. 271
44 Liliane und Fred Funcken: Historische Waffen und Rüstungen vom 8. – 16. Jahrhundert. Orbis 1990, S. 74
45 Leonardo da Vinci: Tagebücher und Aufzeichnungen. Hrsg. von Theodor Lücke. Paul List Verlag 1953, S. 795
46 ebd. S. 797
47 ebd. S. 800
48 ebd.
49 Ross King: Leonardo und das Letzte Abendmahl. Knaus 2012, S. 21
50 ebd. S. 20
51 Leonardo da Vinci: Tagebücher und Aufzeichnungen. Hrsg. von Theodor Lücke. Paul List Verlag 1953, S. 795
52 ebd.

53 ebd. S. 887
54 ebd.
55 ebd.
56 ebd.
57 ebd.
58 Leonardo da Vinci: Tagebücher und Aufzeichnungen. Hrsg. von Theodor Lücke. Paul List Verlag 1953, S. 658
59 ebd.
60 Mario Taddei und Edoardo Zanon: Leonardos Maschinen. In der Werkstatt des genialen Erfinders. Theiss 2017, S. 100
61 Charles Gibbs-Smith: Die Erfindungen von Leonardo da Vinci. Rhenania 1984, S. 29
62 ebd. S. 7
63 Bertrand Gille: Ingenieure der Renaissance. Econ 1968, S. 125
64 Leonardo da Vinci: Pariser Manuskripte, Manuskript B, folio 83v
65 Charles Gibbs-Smith: Die Erfindungen von Leonardo da Vinci. Rhenania 1984, S. 29
66 Leonardo da Vinci: Pariser Manuskripte, Manuskript B, folio 59r
67 Militärgeschichte. Waffen und Kriegsführung von der Antike bis heute. Dorling Kindersley 2013, S. 351
68 Leonardo da Vinci: Codex Atlanticus, folio 157r
69 Christian Pantle: Der Dreißigjährige Krieg: Als Deutschland in Flammen stand. Propyläen 2017, S. 49
70 Konrad Kyeser: Bellifortis. Digitalisat unter: http://daten.digitale-sammlungen.de/0009/bsb00090291/images/index.html?id=00090291, abgerufen am 17.10.2018
71 Marco Cianchi: Die Maschinen Leonardo da Vincis. Becocci Editore o.J., S. 19
72 Leonardo da Vinci: Codex Atlanticus, folio 387r
73 David Harding: Waffen-Enzyklopädie. 7000 Jahre Waffengeschichte vom Faustkeil bis zur Cruise Missile. Motorbuch Verlag 2000, S. 207
74 Heron von Alexandria: Pneumatica. In: John Gray Landels: Die Technik in der antiken Welt. C.H. Beck 1980, S. 32
75 Bertrand Gille: Ingenieure der Renaissance. Econ 1968, S. 268
76 Leonardo da Vinci: Tagebücher und Aufzeichnungen. Hrsg. von Theodor Lücke. Paul List Verlag 1953, S. 639
77 ebd.

78 ebd.
79 ebd.
80 ebd.
81 Charles Gibbs-Smith: Die Erfindungen von Leonardo da Vinci. Rhenania 1984, S. 47
82 Leonardo da Vinci: Tagebücher und Aufzeichnungen. Hrsg. von Theodor Lücke. Paul List Verlag 1953, S. 639
83 Leonardo da Vinci: Pariser Manuskripte, Manuskript B, folio 333r
84 Allgemeine deutsche Real-Encyklopädie für die gebildeten Stände. Bd. 8. Brockhaus 1827, S. 373
85 ebd.
86 Charles Gibbs-Smith: Die Erfindungen von Leonardo da Vinci. Rhenania 1984, S. 7
87 Leonardo da Vinci: Codex Atlanticus, folio 316r
88 Leonardo da Vinci: Tagebücher und Aufzeichnungen. Hrsg. von Theodor Lücke. Paul List Verlag 1953, S. 647
89 ebd.
90 ebd.
91 Leonardo da Vinci: Codex Atlanticus, folio 139r
92 ebd. folio 117r
93 Francesco di Giorgio Martini: Trattato di architettura. Digitalisat unter http://www.bncf.firenze.sbn.it/Bib_digitale/Manoscritti/II.141/main.htm, abgerufen am 17. 10. 2018
94 Leonardo da Vinci: Tagebücher und Aufzeichnungen. Hrsg. von Theodor Lücke. Paul List Verlag 1953, S. 631

KRAFT

1 Mario Taddei und Edoardo Zanon: Leonardos Maschinen. In der Werkstatt des genialen Erfinders. Theiss 2017, S. 161
2 Leonardo da Vinci: Codex Madrid II, folio 100r
3 Ross King: Das Wunder von Florenz. Architektur und Intrige. Wie die schönste Kuppel der Welt entstand. btb 2003, S. 90
4 Giorgio Vasari: Leben der ausgezeichnetsten Maler, Bildhauer und Baumeister von Cimabue bis 1567. Bd. 2. Cotta'sche Buchhandlung 1837, S. 271

5 ebd.
6 Leonardo da Vincis Zeichnung des Drehkrans von Brunelleschi, in: Ross King: Das Wunder von Florenz. Architektur und Intrige. Wie die schönste Kuppel der Welt entstand. btb 2003, S. 101 und 251
7 ebd. S. 90
8 Leonardo da Vinci: Tagebücher und Aufzeichnungen. Hrsg. von Theodor Lücke. Paul List Verlag 1953, S. 473
9 ebd. S. 470
10 ebd.
11 ebd.
12 ebd. S. 472
13 Ross King: Leonardo und das Letzte Abendmahl. Knaus 2012, S. 39 f.
14 Leonardo da Vinci: Tagebücher und Aufzeichnungen. Hrsg. von Theodor Lücke. Paul List Verlag 1953, S. 483
15 ebd. S. 480
16 ebd. S. 494
17 ebd. S. 478
18 Taccola: De ingeneis. Libri I–II, Codex Latinus Monacensis 197, Teil II, c.36v
19 Leonardo da Vinci: Codex Madrid I.2, folio 43v
20 Leonardo da Vinci: Codex Madrid 1.3, folio 0r
21 ebd.
22 https://www.zeit.de/1967/08/leonardo-manuskripte, abgerufen am 17.10.2018 (kostenpflichtig)
23 http://www.codex-madrid.rwth-aachen.de/madrid1/f001aa/index_essays.html, abgerufen am 17.10.2018
24 ebd.
25 Mario Taddei: Leonardo dreidimensional. Neue Roboter und Maschinen. Belser 2008, S. 42
26 ebd. S. 44
27 Leonardo da Vinci: Codex Madrid I, folio 17v
28 ebd. folio 26r
29 ebd. folio 20v
30 Leonardo da Vinci: Tagebücher und Aufzeichnungen. Hrsg. von Theodor Lücke. Paul List Verlag 1953, S. 407
31 Leonardo da Vinci: Codex Madrid I, folio 108r
32 ebd. folio 116r

33 ebd. folio 20r
34 Hermann Roloff und Wilhelm Matek: Maschinenelemente. Normung, Berechnung, Gestaltung. Vieweg 1974, S. 539
35 Leonardo da Vinci: Codex Madrid I, folio 51v
36 ebd.
37 ebd. folio 120v
38 Herbert Maschat: Leonardo da Vinci und die Technik der Renaissance. Profil Verlag 1989, S. 109
39 Leonardo da Vinci: Codex Madrid I, folio 15v
40 ebd.
41 ebd.
42 Herbert Maschat: Leonardo da Vinci und die Technik der Renaissance. Profil Verlag 1989, S. 184
43 Leonardo da Vinci: Codex Madrid I, folio 10r
44 Mario Taddei: Leonardo dreidimensional. Neue Roboter und Maschinen. Belser 2008, S. 82
45 Ladislao Reti: Leonardo. Künstler. Forscher. Magier. S. Fischer 1974, S. 289
46 ebd.
47 ebd.
48 http://www.cyclepublishing.com/history/leonardo%20da%20vinci%20bicycle.html, abgerufen am 17.10.2018
49 Charles Gibbs-Smith: Die Erfindungen von Leonardo da Vinci. Rhenania 1984, S. 109
50 Ladislao Reti: Leonardo. Künstler. Forscher. Magier. S. Fischer 1974, S. 56
51 Leonardo da Vinci: Codex Atlanticus, folio 357r
52 Ross King: Leonardo und das Letzte Abendmahl. Knaus 2012, S. 367
53 Giorgio Vasari: Das Leben des Leonardo da Vinci. Wagenbach 2006, S. 37
54 Ross King: Leonardo und das Letzte Abendmahl. Knaus 2012, S. 367
55 Leonardo da Vinci: Tagebücher und Aufzeichnungen. Hrsg. von Theodor Lücke. Paul List Verlag 1953, S. 896
56 Leonardo da Vinci: Codex Atlanticus, folio 83v
57 Leonardo da Vinci: Pariser Manuskripte, Manuskript F, folio 48v
58 ebd.
59 ebd.

60 Charles Gibbs-Smith: Die Erfindungen von Leonardo da Vinci. Rhenania 1984, S. 84
61 Mario Taddei und Edoardo Zanon: Leonardos Maschinen. In der Werkstatt des genialen Erfinders. Theiss 2017, S. 232
62 Leonardo da Vinci: Codex Atlanticus, folio 1r
63 Mario Taddei: Leonardo dreidimensional. Neue Roboter und Maschinen. Belser 2008, S. 94
64 ebd. S. 103
65 Marco Cianchi: Die Maschinen Leonardo da Vincis. Becocci Editore o.J., S. 75
66 Charles Gibbs-Smith: Die Erfindungen von Leonardo da Vinci. Rhenania 1984, S. 76
67 Leonardo da Vinci: Codex Atlanticus, folio 812r
68 Ross King: Leonardo und das Letzte Abendmahl. Knaus 2012, S. 15
69 ebd.
70 ebd.
71 ebd.
72 ebd.
73 Giorgio Vasari: Das Leben des Leonardo da Vinci. Wagenbach 2006, S. 17
74 ebd. S. 18
75 Leonardo da Vinci: Tagebücher und Aufzeichnungen. Hrsg. von Theodor Lücke. Paul List Verlag 1953, S. 630
76 Giorgio Vasari: Das Leben des Leonardo da Vinci. Wagenbach 2006, S. 35
77 Leonardo da Vinci: Tagebücher und Aufzeichnungen. Hrsg. von Theodor Lücke. Paul List Verlag 1953, S. 818
78 Leonardo da Vinci: Codex Atlanticus, folio 837r
79 Leonardo da Vinci: Traktat von der Malerei. Eugen Diederichs, 1925, S. 4
80 Leonardo da Vinci: Tagebücher und Aufzeichnungen. Hrsg. von Theodor Lücke. Paul List Verlag 1953, S. 630
81 ebd. S. 854

Bildnachweis

S. 23: Scenes of the Apocalypse, with notes, c.1517–18 (pen & ink, wash and chalk on paper) by Vinci, Leonardo da (1452–1519); 30 x 20.3 cm; Royal Collection Trust © Her Majesty Queen Elizabeth II, 2018; (Probably acquired for the collection of Charles II) / Bridgeman Images Berlin; S. 30: A rocky ravine, c.1475 (pen & ink on paper) by Vinci, Leonardo da (1452–1519); 22 x 15.8 cm; Royal Collection Trust © Her Majesty Queen Elizabeth II, 2018; / Bridgeman Images Berlin; S. 33 Drawing of the Ironwork Casting Mould for the Head of the Sforza Horse, Fol. 57 (recto), from the Codex Madrid I, c. 1491–93 (pen & brown ink on paper) by Vinci, Leonardo da (1452–1519); Biblioteca Nacional, Madrid, Spain; Italian / Bridgeman Images Berlin; S. 47: Leonardo da Vinci; Royal Collection Trust © Her Majesty Queen Elizabeth II, 2018 (probably acquired by Charles II in Royal Collection by 1690) / Bridgeman Images Berlin; S. 51: Studies of flowing water, with notes (red chalk with pen & ink on paper) by Vinci, Leonardo da (1452–1519); 26.8 x 18.2 cm; Royal Collection Trust © Her Majesty Queen Elizabeth II, 2018; Italian / Bridgeman Images Berlin; S. 54 (zwei Motive): Studies of flowing water, c.1510–13 (pen & ink on paper) by Vinci, Leonardo da (1452–1519); 8.4 x 19.7 cm; Royal Collection Trust © Her Majesty Queen Elizabeth II, 2018; (probably acquired by Charles II) / Bridgeman Images Berlin; S. 56: Studies of flowing water, with notes, c. 1510–13 (pen & ink of black chalk on paper) by Vinci, Leonardo da (1452–1519); 29.6 x 20.7 cm; Royal Collection Trust © Her Majesty Queen Elizabeth II, 2018; (probably acquired by Charles II) / Bridgeman Images Berlin; S. 58: Codex Atlantique (Codex Atlanticus), folio 4 recto. Crane, excavator. Biblioteca e Pinacoteca Ambrosiana, Milano ©Veneranda Biblioteca Ambrosiana / Dea / Leemage / Bridgeman Images Berlin; S. 64: Leonard de Vinci (Leonardo da Vinci) (1452–1519), Codex Atlantique (Codex Atlanticus), folio 4 recto. Crane, excavator. Biblioteca e Pinacoteca Ambrosiana, Milano ©Veneranda Biblioteca Ambrosiana / Dea / Leemage / Bridgeman Images Berlin; S. 70: Codex Atlanticus,

LdV_25 by Vinci, Leonardo da (1452–1519); Veneranda Biblioteca Ambrosiana, Milan, Italy; (Codex Atlanticus, LdV_© Veneranda Biblioteca Ambrosiana / Metis e Mida Informatica / Mondadori Portfolio / Bridgeman Images Berlin; S. 76: Codex Atlanticus, sheet 945 recto by Vinci, Leonardo da (1452–1519); Veneranda Biblioteca Ambrosiana, Milan, Italy; (Codex Atlanticus, sheet 945 recto © Veneranda Biblioteca Ambrosiana / Metis e Mida Informatica / Mondadori Portfolio; / Bridgeman Images Berlin; S. 84: Leonardo da Vinci; Pariser Manuskripte, Manuskript B, folio 11_recto_aus Charles Gibbs-Smith, Die Erfindungen von Leonardo da Vinci, Belser Verlag 1978; S. 109: Leonardo da Vinci, Tagebücher und Aufzeichnungen, Hrsg. Theodor Lücke, Paul List Verlag Leipzig 1953,S. 315, Codex Atlanticus, LdV 214; S. 116: Codex on the Flight of Birds (Codice sul volo degli uccelli), by Leonardo da Vinci, c. 1505, 16th Century, manuscript on paper, 15,4 x 21,3 cm by Vinci, Leonardo da (1452–1519); 15,4 x 21,3 cm; Biblioteca Reale, Turin, Piedmont, Italy / Mondadori Portfolio / Bridgeman Images Berlin; S. 122: Codex on the Flight of Birds (Codice sul volo degli uccelli), by Leonardo da Vinci, c. 1505, 16th Century, manuscript on paper, 15,4 x 21,3 cm by Vinci, Leonardo da (1452–1519); 15,4 x 21,3 cm; Biblioteca Reale, Turin, Piedmont, Italy; Mondadori Portfolio / Bridgeman Images Berlin; S. 130: Codex on the Flight of Birds (Codice sul volo degli uccelli), by Leonardo da Vinci, c. 1505, 16th Century, manuscript on paper, 15,4 x 21,3 cm by Vinci, Leonardo da (1452–1519); 15,4 x 21,3 cm; Biblioteca Reale, Turin, Piedmont, Italy / Mondadori Portfolio / Bridgeman Images Berlin; S. 134: Codex on the Flight of Birds (Codice sul volo degli uccelli), by Leonardo da Vinci, c. 1505, 16th Century, manuscript on paper, 15,4 x 21,3 cm by Vinci, Leonardo da (1452–1519); 15,4 x 21,3 cm; Biblioteca Reale, Turin, Piedmont, Italy / Mondadori Portfolio / Bridgeman Images Berlin; S. 140: Vertically Standing Bird / Swinged Flying Machine, fol. 80r from Paris Manuscript B, 1488–90 (pen and ink on paper) by Vinci, Leonardo da (1452–1519); 23.2 x 16.5 cm; Bibliotheque de L'Institut de France, Paris, France; Photo © AISA; Italian / Bridgeman Images Berlin; S. 146: Diagram of a mechanical wing, manuscript B, 1488–89 (pen & ink on paper) (b / w photo) by Vinci, Leonardo da (1452–1519); Bibliotheque de L'Institut de France, Paris, France / Bridgeman Images Berlin; S. 151: Charles Gibbs-Smith: Die Erfindungen von Leonardo da Vinci. Rhenania, 1984, S. 15; S. 155: 5 047 309 Codex Atlanticus, sheet 1058 verso by Vinci, Leonardo da (1452–1519); Veneranda Biblioteca

Ambrosiana, Milan, Italy; © Veneranda Biblioteca Ambrosiana / Metis e Mida Informatica / Mondadori Portfolio / Bridgeman Images Berlin; S. 158: Codex Atlanticus, LdV_20_ by Vinci, Leonardo da (1452–1519); Veneranda Biblioteca Ambrosiana, Milan, Italy / Informatica / Mondadori Portfolio / Bridgeman Images Berlin; S. 165: Paris Manuscript B, fol. 83v: Page of text and sketches for a flying machine, 1488–90 (pen and ink on paper) by Vinci, Leonardo da (1452–1519); Bibliotheque de L'Institut de France, Paris, France / Italian / Bridgeman Images Berlin; S. 178: Cannon Detail of design by Leonardo da Vinci aus Bertrand Gille, Ingenieure der Renaissance, Econ Verlag 1968; S. 179: Detail of design by Leonardo da Vinci (Cannon Detail of design by Leonardo da Vinci) / Granger / Bridgeman Images Berlin; S. 191: Nachzeichnung nach Leonardo da Vinci / Codex Atlanticus, by Vinci, Leonardo da (1452–1519); Veneranda Biblioteca Ambrosiana, Milan, Italy; S. 192: Leonardo da Vinci / Codex Atlanticus, by Vinci, Leonardo da (1452–1519); Veneranda Biblioteca Ambrosiana, Milan, Italy; Charles Gibbs-Smith, Die Erfindungen von Leonardo da Vinci, Belser Verlag 1978; S. 193: Cannon formed of iron stavesand;. From »De re militari« by Roberto Valturio (Verona, 1472). Woodcut.); Universal History Archive / UIG / Bridgeman Images Berlin; S. 194: Study for an Equestrian Monument, c.1485–90 (metalpoint on blue prepared paper) by Vinci, Leonardo da (1452–1519); 15.2 x 18.8 cm; Royal Collection Trust © Her Majesty Queen Elizabeth II, 2018; (probably acquired by Charles II in Royal Collection by 1690); Italian / Bridgeman Images Berlin; S. 203: De re military, by Roberto Valturio, printed by Christian Wechel, Paris, 1532; Museo Nazionale della Scienza e della Tecnologia / Leonardo Da Vinci /, Milan, Italy; woodcut from De re militari, by Roberto Valturio, printed by Christian Wechel, Paris, 1532 / Bridgeman Images Berlin; S. 206: Studies of military tank-like machines; revolving scythes, c.1485 (pen & ink and brown wash on paper) by Vinci, Leonardo da (1452–1519); British Museum, London, UK; Italian / Bridgeman Images Berlin; S. 209: Codex Atlanticus, sheet 157 recto by Vinci, Leonardo da (1452–1519); Veneranda Biblioteca Ambrosiana, Milan, Italy; (add.info.: Codex Atlanticus, sheet 157 recto © Veneranda Biblioteca Ambrosiana / Metis e Mida Informatica / Mondadori Portfolio / Bridgeman Images Berlin; S. 215: Wheel device invented by Leonardo da Vinci, (1452–1519) c. 1500 by Leonardo da Vinci, drawing c. 1500); Tallandier / Bridgeman Images Berlin; S. 222: Leonardo da Vinci (1452–1519) / Dampfkanone, 1488–97. / Zeichnung. / Ms. B, fol. 33 recto. / Paris, Bibliothek / AKG; S. 225: sheet 868 verso. © Veneranda Biblioteca Ambrosiana / Metis e Mida Informatica / Mondadori Portfolio / Bridgeman Images Berlin; S. 228: Leonard de Vinci (Leonardo da Vinci) (1452–1519), Codex Atlantique (Codex Atlanticus), folio 139 recto. Biblioteca e Pinacoteca Ambrosiana, Milano / ©Veneranda Biblioteca Ambrosiana / Dea / Leemage / Bridgeman Images Berlin; S. 230: Codex Atlantique (Codex Atlanticus), folio 117 recto. Fortress. Biblioteca e Pinacoteca Ambrosiana, Milano / ©Veneranda Biblioteca Ambrosiana / Dea / Leemage / Bridgeman Images Berlin; S. 231: Francesco di Giorgio Martini_www.bncf.firenze.sbn.itBib_digitale_Manoscritti II.141a141 053v / Trattato di architettura; S. 238: Codex Atlanticus, sheet 105 verso by Vinci, Leonardo da (1452–1519); Veneranda Biblioteca Ambrosiana, Milan, Italy; © Veneranda Biblioteca Ambrosiana / Metis e Mida Informatica / Mondadori Portfolio / Bridgeman Images Berlin; S. 240: Leonardo da Vinci, Tagebücher und Aufzeichnungen, Hrsg. Theodor Lücke, Paul List Verlag Leipzig 1953, Forster III; S. 243: Nachzeichnung nach Leonardo da Vinci, Taccola: De ingeneis. Libri I–II, Codex Latinus Monacensis 197, Teil II, c.36v; S. 249: Page 17V of the Treaty of Statics and Mechanics Manuscript 15th Century Italian Renaissance. Leonardo da Vinci. / Biblioteca Nacional-Coleccion, Madrid, SPanien / AKG; S. 251: 5 242 370 Codex Madrid I f.20, mechanical studies, 1493 (pen & ink on paper) by Vinci, Leonardo da (1452–1519); Biblioteca Nacional, Madrid, Spain; De Agostini Picture Library; Italian / Bridgeman Images Berlin; S. 253: 5 242 370 Codex Madrid I f.20, mechanical studies, 1493 (pen & ink on paper) by Vinci, Leonardo da (1452–1519); Biblioteca Nacional, Madrid, Spain; De Agostini Picture Library; Italian, / Bridgeman Images Berlin; S. 255: Page 15V of the Treaty of Statics and Mechanics Manusscript 15th Century, Italian Renaissance Leonardo da Vinci. Biblioteca Nacinal-Coleccion, Madrid, Spanien / AKG; S. 256: Leonard de Vinci (Leonardo da Vinci) (1452–1519), Codex Atlantique (Codex Atlanticus), folio 7 recto / Biblioteca e Pinacoteca Ambrosiana, Milano, ©Veneranda Biblioteca Ambrosiana / Dea / Leemage / Bridgeman Images Berlin; S. 263: 5 047 182 Codex Atlanticus, sheet 995 recto by Vinci, Leonardo da (1452–1519); Veneranda Biblioteca Ambrosiana, Milan, Italy; © Veneranda Biblioteca Ambrosiana / Metis e Mida Informatica / Mondadori Portfolio / Bridgeman Images Berlin; S. 269: Leonard de Vinci (Leonardo da Vinci) (1452–1519), Codex Atlantique (Codex Atlanticus), folio 1